唐君毅

著

病里乾坤

人生之体验续编

九州出版社 全国百佳图书出版单位

图书在版编目（CIP）数据

人生之体验续编；病里乾坤 / 唐君毅著. --北京：九州出版社，2020.10

ISBN 978-7-5108-8823-6

Ⅰ．①人… Ⅱ．①唐… Ⅲ．①人生哲学－通俗读物 Ⅳ．①B821-49

中国版本图书馆CIP数据核字（2020）第188693号

人生之体验续编；病里乾坤

作　　者	唐君毅　著	
责任编辑	王　佶	
出版发行	九州出版社	
地　　址	北京市西城区阜外大街甲35号（100037）	
发行电话	（010）68992190/3/5/6	
网　　址	www.jiuzhoupress.com	
印　　刷	三河市兴博印务有限公司	
开　　本	880毫米×1230毫米　32开	
印　　张	9.25	
字　　数	177千字	
版　　次	2021年11月第1版	
印　　次	2021年11月第1次印刷	
书　　号	ISBN 978-7-5108-8823-6	
定　　价	48.00元	

人生之体验续编

目　录　CONTENTS

自 序 >>

一

　　本书七篇，乃余七年来之所作，意在为廿余年前拙著《人生之体验》之续篇。其与前书所陈者，在思想之核心上，并无改变。其不同之处，要在如本书第七篇引言所说，即《人生之体验》一书，唯基于对人生之向上性之肯定，以求超拔于吾之现实烦恼之外。而十余年来则吾对人生之艰难罪恶悲剧方面之体验较深，故相较而论，前书乃偏在说人生之正面，而思想较单纯，多意在自勉，而无心于说教，行文之情趣，亦较清新活泼。虽时露人生之感叹，亦如诗人之怀感于暮春，仍与人之青年心境互相应合。此书则更能正视人生之反面之艰难罪恶悲剧等方面，而凡所为言，皆意在转化此诸为人生之上达之阻碍之反面事物，以归于人生之正道，而思想亦皆曲折盘桓而出，既以自励，亦兼励人，而说教之意味较重。行文之情趣，亦不免于纡郁沉重，如秋来风雨，其气固不同于暮春。然此书能面对彼反面之事物，更无躲闪逃避，困心衡虑，以斩伐彼人生前路之葛藤。荆榛既辟，而山川如画。是春秋佳日之得失，固未易论也。然人必历春而至秋，此书与人之青年之心境，多不相应，而唯与历人生之忧患，而不失其向上之志者相应；人之读此书者，亦宜以前书为先，此书遂只能居于续篇之列矣。

此上所言，乃以前后之拙著，其写作时所依之心境，相较而言。至于置此书于著作之林，其价值何在，即甚难言。而予之写此书，亦如写前书，于写时初实无与任何古今中外之人生思想，比较异同、计较胜劣之见，而事先亦无一系统之计划。初固未尝见有所谓著述之林，亦未尝期必成一著述；而唯直就吾之生此时代，住此人间之所实感实见者而为言，即次第成此七篇。乃依写作先后，编为一集。唯今既编之为一集，重加反省，见此诸文之宗趣，虽未尝有异，然亦各有一论题，而其先后写成，亦约有一秩序行乎其间。又就此七篇之主要义理而观，各篇之所陈，亦有进于昔贤之所言，而可为开拓一思想之新境界之所资者。兹分别述之于下。唯皆凌空而述，亦不必与此七篇之文句，皆相贴切。盖须读者遍观诸文之后，泯其文句，以会其实义，方能与此所述者相契也。

二

关于此七篇之宗趣，不外如上所谓转化为人生之上达之阻碍

2

之反面事物，以归于人生正道。此所谓人生之上达，要在对已成之现实人生，不断求超升一步。而此超生，对外而言，亦即将自己之人生，由平日所周旋应对之流俗中拔出。此拔出，乃一与流俗之隔离。此隔离非人生之上达之终点，然为其必不可少之始点。此亦为贯注本书七篇之宗趣，而随处加以提撕者。而人之不能拔乎流俗，则首在不能拔乎流俗之毁誉，故吾人亦当于毁誉之现象，有一如实知，方能转俗以成真，由流俗之世间以上达于真实世界，而成就吾个人之人格之上升，此即本书第一篇之论题。至于第二篇，则转而论此个人之心灵之凝聚与开发，及其与世间相接之道。此则意在使此心灵既不随世间而流荡，亦不闭塞于其自己，而得与师友相共切磋于"通达而贞定之真理"之途。第三篇论人生之艰难与哀乐相生，则既无世间，亦无师友，唯见一孤独之个人为求其人生之向上，而遍历其人生之艰难，以上达于一"哀乐相生之情怀"。此中之言及世间者，皆融入个人所遭遇之艰难与哀乐相生之情怀而论，而真理即在此情怀中，故与前二文之旨趣又略异。在本书诸文中，此文亦为较能相应于一悱恻之情怀而写成者。第四篇论立志之道及我与世界，则以志愿摄情怀。而此志之立，则要在既拔乎流俗之世间，而又置自己于世间，兼摄世间于自己。第五篇死生之说与幽明之际，则由生说死，由明说幽，而意在由彻通死生与幽明，而以此一心，贯天下古今之人心者。此乃本书各篇中义蕴最为弘深，亦最难为当世所深信不疑者。此盖必人先信真理之万古长存，兼具哀乐相生之情怀，与通天下古今人心之志愿者，乃能真实契入。第六篇人生之虚妄与真实，则为克就人生之如何去除其存在中之虚妄成分——此诸虚妄成分，盖皆由人之所以为人之尊严处之误用而生者——以论必有个人之知行情志之对己对人，应世接物，及其所以善生而善死者，皆全幅真实化；人之整个人格之存在，乃得成一真实存在。此为遥契于《中庸》之立诚之教者。第七篇人生之颠倒与复位，则广说人生之一切堕落、偏执、染污、罪恶之颠倒相，皆缘于人之超越无限量之心灵生命之自体之颠倒性而生，而此性又非其本性。此乃意在由对此颠倒性相之体悟，以反显人生之正位居体之直道者。依此，而观人生之堕落而下降，亦所以助其超升而上达，而宗教家之穷人生之染污与罪恶之相者，亦与儒言相资而不二矣。

循上所说，是见此七篇，虽同一宗趣，而各篇亦各有一论题，然其前后相连，亦略有一秩序，要不外拔乎流俗之世间，以成就个人之心灵情怀志愿之超升，而通于天下古今之人心，以使人生之存在成为居正位之真实存在而已。而此秩序，则唯是吾将此诸文编为一集之后，无意中所发现。夫我以七年之期，成此七文，平均相隔一载，乃成一篇；而一文之成，例不过三数日，一年之中，三百六十余日，皆有他事间之。据生理学家言，人生七年，形骸更易，而细胞换尽。然此七文之间，乃亦竟有一秩序，存乎其中，是见人心底层，自有潜流，虽重岩叠石，未尝阻其自循其道，以默移而前运，此皆不可思议，使我喟然兴叹者也。

三

至于克就此七篇之文之主要义理而观，吾今日加以反省，亦可试总括而言之。即此诸文，皆唯是意在指明：一般之求人生之向上者，其所向往之理想环境，及其向上之行程，与其向上所依之心性，皆处处与一向下而沉坠之几，相与伴随，亦常不免于似是而非者之相幻惑；因而人真欲求人生之向上者，必当求对此沉坠之几与似是而非者，有一如实知与真正之警觉；人亦恒须经历之，以沉重之心情负担之，而后能透过之，以成就人生之向上而超升。此则吾写《人生之体验》时，所未能真知灼见及者，而昔之儒者与西方之理想主义者，及当世之贤者，亦未必能于此殷勤加意者也。

自昔儒者言仁，言人我心之感通，由此仁与感通以见天心；西方理想主义者，言人心之形而上的统一，由此以见上帝之心。此乃中西思想之究竟义，吾所凤信受奉持，并乐为之引申发挥者。此七篇之究竟义，亦在乎是。然世罕能知：人之求名求誉以及好权好位之心，亦原于人与我之心之求相感通，其根源亦在人之欲成就人我之心之统一。唯依仁以行，乃希贤希圣之道，而徇逐名位，则沉沦流俗之途。一念而上下易位，其危微之几，似是而非之际，人亦罕能察及。此即本书随处谆谆致意之一端，而其要旨，则陈于本书之第一篇者也。

自昔儒者，言天地阴阳翕辟及人心开阖动静之义，此皆属于宇宙人生之大理，所以彰彼太极而立此人极之所资。西方理想主义者，亦言正反及消极积极之相互为用，合以显宇宙之绝对真理，顾又不知于人心之开阖动静之际，自用工夫，以立人极之义，遂与中国圣学之传之切切于此者异。然中国圣学之传，虽切切于此，而言多简要，对今日世态之日繁，复难资针砭之用。昔贤之偏在正面立言，于此开阖动静之几，可被阻滞而旁行歧出以导人生入于陷阱与漩流之义，亦引而未申。此亦吾于写《人生之体验》等书时之所忽。本书第二篇，论心灵之凝聚与开发，而处处以心灵之闭塞于陷阱，及流荡为漩流，以为照应；实即所以彰昔贤所言之人心之开阖动静，皆各有其旁行歧出，而成人心之病痛之原者在。夫人心之开阖动静，皆昔贤所谓生生化化，天理之流行之所摄，乌知人欲之根亦即在此流行中乎。而人欲之流行于陷阱，成漩流，亦似天理流行之一动一静，而实天渊迥隔。此即本书第二篇之微旨所存，而惜所论犹有未尽意者也。

再如于人生之行程，吾昔于《人生之体验》中，尝以由求生存、求爱情、求名、求成就事业，以上达于真美善神圣之途说之；其所以必须有此步步之上达，乃由其每一步皆不能自足，此吾昔之所见及，亦西方之理想主义者，以及一切求人生之向上者所同见及者也。然先儒之论人生上达之道，则不喜分为斩截之项别、阶段与步骤或层级而说之，恒直下通真美善神圣为一体，以主宰吾人之此生。孔子所谓志道、据德、依仁而游艺，固无斩截之层级之可言也。依孔子此言以观，西方所谓求真之科学哲学，求美之文学艺术，以及宗教中之礼仪、教育、政治、经济之术，及一切实用之技，皆艺也；人之修为之方，其要唯在自省其一一游艺之事是否依于仁，而其发于外，是否有据于己之内部之德，其志是否通于人生之大道而已。此修为之方，其工夫乃在人之时时处处之如此如此自省，以对一一之事，切问而近思，固亦不必分人生之事为项别，而系统的讨论人之修道之历程也。然当今之世，各种社会文化学术事业，皆已明显化为分门别类之领域，人心之次第着于此诸领域以历世务，即成一历程；而人应世接物时，其所依之仁、所据之德，亦原有高下之辨，则吾人亦未尝不可就其历世而历事之历程，以言其心境之转易升进之迹相，及所经之道路上之层级。此即吾人今日立言之方式，如吾昔之所为，未尝不可大异于往昔者也。

然吾人今之分人生之事为项别而言人生之历程中之心境之转易升进之迹相与层级，其用意虽是，然徒将此诸层级，由下以次第及于高，加以论述，则可使人产生一幻觉，即以人生之历程，如能自然向上以转易而升进者。吾于《人生之体验》之第二、三篇所论，及黑格尔于其《精神现象学》所论，同可使人发生此幻觉。此则皆由吾人之忽略：人生之行程与步履，实亦步步皆可停滞而不进。其每一步之上达，皆可再归于滑下沉落；即不停滞而前进，亦步步皆有其艰难。自此而观，则人生亦如永无进步之可言，其心境之高下不同者，实亦毕竟平等；而人生一世，乃永无可恃，而时时皆当自栗其将殒于深渊。此即徒就人生之历程，视如向上转易而升进之历程而论之者，其所不足之处，亦即本书第三篇论人生艰难之所以作。此篇于每一人生之行程与步履之升进，皆一一举其艰难，亦即于其升进之中，见退降之几，而所以使人悟及一切升进之事，皆有其似是而实非者在也。

复次，人生之道以立志为先。盖人生之本在心，而志则为心之所向，亦心之存主之所在。先儒固重立志，而佛教之发心，与耶教之归主，皆同为立志之事中一种。然昔圣贤之言立志，亦皆重在自正面说话。志之所在，即道之所存；志而能立，念念不离于道，及其充实而有光辉，则大化圣神之域，皆不难致。斯义也，吾亦深信而不敢违。然人之立志，如非一往超世之志，或只务个人成己之志，而真为由成己以兼成物之志，则此中并非全为一直上之历程，而实有一大曲存焉。而唯待致曲方能有诚。然此致曲以有诚之义，则昔贤所未伸，而有待于吾人深知其所以曲。此所以曲，在人之志欲成物者，人必于世间之物有所得，而此有所得，即阻其志之向上，而使人忘丧其初之成物之志。至人之转而求无所得，则只能归于超世以成己，而非复为儒者之志，遂使所谓成己成物之言，徒成一虚脱之大话。是皆理有必然，而见人之立志及求成其志业之事中，即有忘丧其志，使志业无成之几，存乎其中，以成一大曲者。而此中由致曲以有诚，而成就直上之道者，则在人之既拔乎流俗以存超世之意于内，而又须兼本于：置我于世界内及置世界于我内之二义，以观我与世界之关系，而更在对此二者之分裂之痛苦之感受，而求去此分裂时，立一向往志业之根基。以此观先儒之我与天地万物为一体之言，则谓之为状圣贤之大化圣神之域之心境及道体之本然皆可，而以吾人之向往于此，即足以立志，则大不可。而一体之义，必先兼自三面分看，而感受分裂之痛苦，实反身而诚，乐莫大焉之初基。宋儒之学，始于寻孔颜乐处，乃唯言人当先求超世，求有以自得之一义。然论及人之成其志业，亦同谓必担当艰苦。而吾人生于此道术分裂之时代，则正当由分裂之痛苦之感受处，以入于道。人能于分裂之痛苦之感受处，见人心所求之和一，及其本来之和一，则乐亦斯在。是见乐当由痛苦之感受入。若吾人生于当今之世，于一切分裂之痛苦，漠然无感，而徒学二程兄弟初学于周茂叔之吟风弄月以归，及朱子之傍花随柳过前川之乐，以此见天地与人之同此生意周流，道体斯在，遂止于是，则亦似是而非之儒学也。

复次，世之论人生者，恒忽于人之有死。然吾人生于今日之时代，方更了然于人之时时可死。今之核子战，固随时可将吾人毁灭净尽也。故吾人之生于死之旁，亦至今日，乃更易切感其义。而人死之可悲，盖唯宗教家能深知之。吾尝参加佛教徒之超渡众生幽灵之法会，而感动不能自已，遂知通幽明之道，大有事在。西方之哲学家，则对人之死之问题，最为麻木，徒视为哲学问题，加以讨论而已。中国昔贤之重祭祀，亦纯为所以彻幽明之际，而自古及今，皆郑重其事者，今则罕知其义者矣。夫我对人之情，必慎终如始，事死如事生，然后能致乎其极。而我之情能溢于生者之世界之外，以及于死者之世界，通彻于幽；则生者之世界，亦皆为我之所怀，而我对生者之仁，亦当可更至乎极矣。唯宗教徒之病，在其情入于幽而或复沉于幽，乃不重对一一圣贤豪杰祖宗父母，致其诚敬，则死者之潜德幽光，未必能为我所摄，以还入于明。此即儒者之祭祀之义，所以为切挚。至于宗教徒中如基督教徒之普为死者作祷，佛教徒之普为幽灵求超渡，亦自有其不可思议之功效，非可以常情测。亦皆所以彰露人心之至情必彻于幽之一端，宜当与儒者之祭祀并存而不悖。唯此皆匪特为西方之哲学家之所忽之义，亦世俗之一切学者之所忽之义。而泥于孔子未知生焉知死之言者，亦多撇开此问题于人生问题之外。然实则生死为人之两面，必合之乃见人之全。既为两面，则必可彻通。而吾书之第五文，则意在由人之原生于死之上，及死者与后死者之至情之交彻，以言可由祭祀以通幽明之理；故人生之真相，实死而无死，而鬼神之情，亦长在此世间，读者果有深会于此文之所言，则幽明之间，以及明与明之间，幽与幽之间，另有一纵横之天路，以使人心相往来，而人之心灵之自身，亦实无能使之死者，则核子战亦实不能杀人，而实无可畏，唯其造孽不可挽耳。是则非此文所能一一尽其旨者。然人欲有深会于此文之所言，又非深知人之生于死之上，并以其情先由明彻幽而入于幽不可。人之生于死之上者，即生几存于死几之上，无死几则无生几，不知死几者亦不知生几。人之情必由明彻幽而入幽者，即人唯由此乃能竭其仁，竭其仁而后人能真生也。则所谓徒知生而不知死者，不求其情之彻幽而入幽者，实亦不知生与生几，所谓不见庐山真面目，只缘身在此山中，亦生而未成其为真生者也。此即人之只知生而不知死者之为害。而此不知死，既可使人生非真生，则此"不知死"，正为人之真死几，以使其生不成真生者。此人之不知死者，乃人生对其生之世界之另一面之大无明，而使人沉坠陷溺于其苟得之一生，亦使其生非真生，而成似是而非之生者。而世之重人生者，乃恒以不求知死为教，而常人亦不敢正对此死，与其生于死之上之事实而观之，又恒自拂除斫丧其彻幽而入幽之至情，乃视祭祀为多事，以宗教家之为死者作祷，及求众生之幽灵超渡为无用，而不知此皆证其生而非真生者。茫茫人海，孰为真生？非彼大圣，其孰能知之？

　　至于本书之第六篇，言人生之真头化，则其中之一要义，在指出人之内在的超越性等，亦可误用，而为使人之存在包函种种虚妄成分之一原。第七篇人生之颠倒与复位，则指出人之超越而无限量之生命心灵之自体之可颠倒，而表现于有限之中，或与之成虚脱，而无数之人生之染污罪恶皆由之而出。此人之超越性与无限性，皆原为人之无尽尊严之所系，乃我昔所常论，亦西方理想主义之哲学家之所同重视之义。然此二文中则说明其亦为人生之虚妄之一原，及无数人生之染污罪恶所自出。斯所以见此为人之尊严所系之超越性、无限性，亦如不能自持其超越，自持其无限，而自具一沉坠向下而导致虚妄虚脱之几，而人之超越性及无限性之表现，亦咸有其似是而非之表现。此似是而非之表现，正为人之存在，其真实之程度或反不如其他自然物之存在者，亦见人之罪孽之深重，实远非禽兽之所及者。夫然，故此人之尊严之所系，亦即人之卑贱之所系；人之成为高于万物、灵于禽兽者之所在，即人之低于万物、罪逾禽兽者之所在。由此而一切赞颂，可归于人；一切诅咒，亦可归于人。人可上升天堂，亦可下沉地狱。人之生于宇宙，实为一切虚妄与真实交战之区，亦上帝与魔鬼互争之场；而人生之沉沦与超升，乃皆为偶然而不定。吾年来于此之所感切，未尝不与西方之存在主义之所感切，不期而遇合。盖皆同为此分裂之世界之反映，亦人类精神生活之行程，历数千年至今日，遭遇同一问题之所致。至其不同之处，则在彼存在主义者之言此，皆期在暴露人类之危几，亦更求穷哲学之理致以为言，其精彩之论，遂足惊心而动魄。吾此书所说，于此实自愧不如，亦无意相效。盖对此一切世界之分裂与人类之危几，亦可只求知其大体上如是如是；如若必穷形极相而论之，亦如图绘鬼魅以求快意，及至其栩栩如生，且将为鬼魅所食。不如略陈其貌，余皆默而存之。而人生向上之道，仍要在转妄归真，去魔存道，由沉沦以至超升，使分裂之世界，复保合而致太和。故于此一切入妄招魔之人类危几，唯当于此人生之行于其向上之道之途程中，加以指点而已足。此即吾书之所以虽随处指出人之上达途程中，所遭遇之反面之事物，颇似有异于先儒及西方理想主义者及吾《人生之体验》等书，重在自正面立言者，实又更远于存在主义者以描述暴露为工；而仍是承先儒之重实践之精神而为言，以期在于人生之正面理想之昭陈与树立。而此书之只为吾之《人生之体验》一书之续编，其意亦在乎是也。

第一篇
俗情世间中之毁誉及形上世间

毁誉现象，一般的说，直接属于形下的俗情世间，而不属于形上的真实世间。但它又是二者间交界的现象，同时亦是人生之内界——即己界——与外界中之人界之交界的现象。这现象，是人生中随处会遇见，而内蕴则甚深远，然常人恒不能知之，哲人恒不屑论之。实则人如能参透毁誉现象的内蕴，即可了解由形下的俗情世间，至形上的真实世间之通路，亦渐能超俗情世间之毁誉，而能回头来在形下的俗情世间，求树立是非毁誉之真正标准。这些话要完全明白，须逐渐由俗说到真，由浅说到深。此下分六段说明。此六段又分两部：前三段是说"俗"，其文字本身亦是俗套的；后三段则希望逐渐转俗成真。

一、作为日常生活中之经验事实的毁誉

我所谓作为日常生活中之经验事实的毁誉，每人都可以从他的日常生活中去体会。在一般人相聚谈话的时候，通常总是谈学问谈事业的时间少，而批评人议论人的时间多。批评人议论人，

便非毁则誉。西方有一文学家说，人最有兴趣的是人。此应再下一转语，即人最有兴趣的，是对人作毁誉。毁誉本于是非之判断。人有是非之判断，则不能对人无毁誉。我们可暂不对此人间有是非毁誉之事实本身，先作一是非毁誉之判断。我们可暂不誉"世间之有毁誉"，亦可暂不毁"世间之有毁誉"，而只将其纯当作为一事实看。中国过去民间普遍流传一讲世故的书，名《增广贤文》。其中有二句话："谁人背后无人说？哪个人前不说人。"此二句话之语气中，包含一讽刺与感叹。但这是一个事实。人通常是依他自己的是非标准，而撒下他的毁誉之网，去囊括他人；而每一人，又为无数他人之毁誉之网所囊括。一人在台上演讲，台下有一百听众，即可有一百个毁誉之网，将套在此讲演者之头上。一本书出版，有一千读者，即可有一千个毁誉之网，套在此书作者之头上。一人名满天下，他即存在于天下一切人之是非毁誉之中。而一个历史上的人物，他即永远存在于后代无限的人之是非毁誉之中。这些都是此俗情世间中不容否认的事实。

这个事实，有其极端的复杂性。其所以复杂，主要是由人之任何的言行，都有被毁与被誉的可能。这亦不是从当然上说，而是从实然上说。其所以总有此二可能，大概有四种原因。一是人之实际表出的言行，只能是一决定的言行。每一决定的言行，必有所是。人们在发一言行时，亦总可暂自以为是，他人便可是其所是而誉之。但是人之言行，是此则非彼。故每一决定的言行，又只能实现某一种特定的价值。因而在想实现其他特定价值的人，便可觉此特定言行之无可誉，而复可转而以其他特定价值之未被实现，为毁谤之根据。最能表达此种毁誉现象的，即《伊索寓言》中之一老人与小孩赶驴子的寓言。小孩在驴背，则人要说为什么让衰老的人步行；老人在驴背，人要说为什么让稚弱的小孩步行；老人小人都在驴背，人要说何以如此虐待驴子；老人小孩都步行，人要说何以如此优待畜牲。此寓言是把老人小孩与驴之四种可能的关系，全都尽举，但无一能逃他人之毁。因为人采取四种中之任何一种可能，都不能实现其他可能中所实现之价值。这是人之任一决定的言行，都不能免于毁谤之一原因。二是人之实际表出的言行，依于人之内心的动机。但是人之内心的动机，是不可见的。因其不可见，故人总可作任意的揣测，人亦总有对之作任意揣测之绝对的自由。即人总有孔子所谓"逆诈亿不信"之自由。故孔子、耶稣之言行，他人亦可不信。在此，孔子、耶稣要作任何辩白，皆可是无用的。因辩白是言，言一说出，则他人仍可疑此言所以说之动机。荀子说："君子能为可信，而不能使人必信己。"这句话加重说，是君子必不能使人必信己。第三是任何表出的言行，必有其社会的影响。而此影响可好亦可坏。这好坏之影响，恒系于此言行与其他因素之配合，本不当只归功或归罪于此言行本身。但是人通常是依结果之价值，以判断原因之价值。因而总可依于对一言行之影响结果之好坏，以判断此言行本身之好坏，而生一不适切的毁誉；因而好者皆有被毁之可能，而坏者亦有被誉之可能。第四，是人作毁誉，总可兼采取公私二种标准。此即在贤者亦有所不免。公的标准依于良心上之是非判断，私的标准是以他人对自己好与不好或利害为标准。武三思说，吾不知天下何者为善，何者为恶，对我好者即谓之善，不好者即谓之恶耳。此亦是人作毁誉时之常情。中国民间有一笑话，说一老太婆夸他女儿好，因其将其夫家物，带回娘家，真孝顺；但媳妇不好，因将其家之物，亦带回娘家去了。这种将公私二标准，互相轮用以兴毁誉，亦是人之常情。此外人实际上是依私的标准兴毁誉，却以公的标准作理由，而将公私二标准，互相夹杂起来，更是人之常情。此不再举证。人之毁誉，兼有公私二标准，世间一切是非毁誉，便无不可颠倒。

此上四者，皆使人之言行无不兼有被誉及被毁之可能。读者可以随处去勘验一番，便见一切人皆可受求全之毁，一切人皆可有不虞之誉；由此而使人间之毁誉，与人之言行之自身价值，永无一定的互相对应的关系，而有各种可能的配合。总而言之，人间世界一切毁誉，在本性上实为无定。这是日常生活中所经验的毁誉现象之复杂性所系之第一点。

日常生活中所经验之毁誉现象之复杂性所系之第二点，是缘于上述之毁誉之无定性，与人之心灵之交互反映，而使人间世界，对某一人言行之毁誉之流行，可成一永无止息而无穷的漩流。对某一人同一之言行，人可依此原因而施誉，亦可依彼原因而兴毁。谤誉不同，而有谤谤者、谤誉者。如谤誉相同，则又有誉谤者、誉誉者。复有谤谤谤者、谤谤誉者、誉誉谤者、誉誉誉者。此谤誉之相加减乘除，以环绕于一人之言行而流行，原则上遂可为一永无止息之漩流。此漩流之存在，更使人间毁誉现象，显一无尽之复杂性，虽有巧历，亦不能穷其变。但这亦是我们在日常生活中，随时随处可以勘验的事实。

二、作为社会政治现象之毁誉

上文说日常生活中所经验之毁誉现象，是只把它作为个人对个人现象来看。现在我们再进一步，把毁誉现象作为客观的社会政治现象来看。毁誉是个人的活动，但是此活动中，恒包含望他人亦作同一毁誉之要求；而人亦本有模仿、同情他人之毁誉，或受他人之暗示以作毁誉之一种社会性。由是而有所谓众口共誉、众口交毁，或众好众恶之社会现象。一人群社会，恒有其公共的宗教信仰、道德标准，以及礼仪风俗、政治制度、法律习惯。于是其中之人，恒对于能遵守之者，则共誉之；对于违背之者，则共毁之。毁之无效，而以刑罚继之；口誉无效，而以权利赏之。一人群社会之人之共同的毁誉，与共同议定的刑赏之价值，则在维持此一人群社会之宗教信仰、道德标准、礼仪风俗、法律习惯之存在，连带亦即维持此社会人群之存在。因而此毁誉、刑赏，即被称为一种社会对个人之制裁，或社会大多数人，本于他们之要保此社会人群之存在与其宗教信仰等的动机，而对少数个人所施之制裁。从西方近代之思想看，自边沁及今之社会学家，盖无不重此社会制裁或社会控制之现象之说明。说毁誉是社会对个人的制裁，这亦可兼由个人之恒畏社会毁誉，而不敢放言任行，以得证明。人之作违背一社会之公认标准之言行者，其畏社会之制裁，并不必同于畏社会中特定的某几个人之制裁，而恒是畏一切其他人合起来，对自己之可能有的制裁。此其他人合起来之可能有的制裁，凝聚成一整一的社会制裁之观念，而使"社会"宛如成为一有十手十目千手千目，在监视我们自己之言行的实体。社会学家如涂尔干等所谓社会的实体之观念，盖亦依此义而立。

毁誉可说是社会对个人的制裁，毁誉亦复是人之所以有政权之得失、政治地位之得失之所本。除了世袭的政权外，人之所以能得政权、得政治地位，或由于大众之推举，或由于旁人之推荐，或由在上位者之选拔。凡此等等，无不以赏誉为先行之条件。当社会上对政治上在位之人物的毁谤之言，塞于道路时，则迟早必造成政府内部之改革，或暴发为革命。于是任何人之高官厚爵，以至世袭的政权，在此亦无一能永远保持。至一般政党的竞争与政治上的斗争，亦几无不以集团的自誉与集团的毁他为工具，这都是极浅易的常识。

三、作为主观心理现象之毁誉

要真了解作为个人日常生活中之经验事实看的毁誉，与作为社会政治现象看的毁誉，必须赖于了解作为主观心理现象看的毁誉。因毁誉之为一经验事实，最初只是人心理上的经验事实；而一切社会制裁之所以对个人为有效，社会之毁誉之所以能致一政权之兴亡与个人政治地位之得失，最后无不根于诸个人心理的要求或活动。然则作为主观心理现象看的毁誉，毕竟是什么？

作为心理现象看的毁誉，首为我们内心所体验的他人对我之毁誉。我体验了他人对我之毁誉，此毁誉即存于我之内心，而为一内心中之现象。但是此内心中之现象，通常皆与一好誉而恶毁之心理要求相俱。次为我们内心所体验的，我之誉人或毁人之心理活动。而此活动，则恒与对他人之言行之价值判断相俱，或即是此对他人言行之价值判断本身。由是而我们当前的问题即在：此好誉而恶毁之心理要求，与对他人之言行之价值判断，在人心中究竟是怎样的存在着？

人之有好誉而恶毁之心理，是毁誉成为有效的社会制裁之真正根据。如果人不先好誉而恶毁，将尽可放言任行，而不畏任何他人之批评与社会上之舆论。故深一层言之，人之怕此社会制裁，并非怕他人以外的社会，实际上只是要满足其好誉而恶毁之心理要求，亦实即只是人之好誉而恶毁之心理要求，在制裁他自己之其他欲望，与其他心理要求。此处实只有内在的自己制裁，而并无外在的社会制裁。这个意思，现代西方心理学家亦多了解。如詹姆士称之为社会的我，弗洛特称之为超我（Super Ego）。亚德勒（Adler）之心理学，则谓好誉而恶毁之权力要求，为人一切心理中之最根本之要求，人之一切心理病态，及各种自夸与自卑之情绪之产生，皆由此要求之不得正常的满足而来者。

人之好誉而恶毁之心理要求，实甚强烈，恒可胜过人之其他一般心理要求。此亦可由人对其日常经验之反省，以随处得证明。粗浅点说，商人是好利的，但你只要能为他铸一铜像，他即可捐出一二百万。政治家是好权的，但孟子说好名之人，能让千乘之国。一般人是好色的，为了名誉，亦可抛弃他的外室。都市中人，自己可以吃得很坏，但衣冠必须讲求，何以故？因怕人轻视，喜人之称美其衣冠故。孟子说，"令闻广誉施于身，所以不愿人之文绣也"，又何以故？衣冠于此不必要故。美国有一经济学家韦布伦（Veblen）论资本主义经济社会中，有闲阶级之一切奢侈的消费，多不是为自己之享受，而主要是眩耀或表出其有闲的身份。其实这亦只是要俗人艳羡称誉而已。施耐庵著《水浒传》序说，求名心既淡，便懒于著书。亦可反证人之著作之事，常是为名。好名之心，一切大学者、大诗人、大艺术家，同难加以根绝。所以弥尔顿尝说："一切伟大人物之最后的缺点，即好名。"人之好色好货好利及其他一切物质欲望，都绝完了，而此心仍未必能绝。一宗教徒可不婚不宦，茹苦衣单，但仍恒不免望他人之称誉恭敬。而最奇怪的现象是，人之不好名，亦可成为得名求名之具。隐逸是依于不好名，但汉代皇帝征辟隐逸之士，隐逸者反而得了高名。唐代之隐逸之士，隐于距长安最近之终南山，以便随时奉召。唐代考试，又另有所谓不求闻达科。以不求闻达而求闻达，是最矛盾的现象。但这亦曾订为制度。据说有一笑话，说一学生出门多年，再来见老师，说他学会恭维人之本领，专贩高帽子（即恭维人之言语）与人戴，于是无往不利。老师说，此对一般人有用，对我却无用。学生说，像老师者，天下能有几人？老师微有高兴意。于是学生说他的高帽子，又贩出一顶了。这虽是一笑话，但却指出了人之好名之心之最深的一面。此之谓名缰，其力胜于利锁。惟赖此名缰，而后一切社会政治之名位能诱人，而后人与人间之是非毁誉，可以摇荡人之心志，而播弄颠倒俗情世间的一切人生。

把毁誉现象作为心理现象看，我们说人有好誉恶毁而求美名的心理。但是人不只有此心理。如人只有此心理，则无一人能得名。只顺人之好誉恶毁求美名之心理发展下去，人将只愿他人誉我，而不愿誉他人。如人人皆是只求他人之誉我，而不愿誉他人，则亦无一人能得他人之称誉。故人之所以能得称誉之事实，即根据于人亦有愿称誉他人之心理。而人之好誉恶毁之心理本身，亦包含有他人对我必可有誉或毁的肯定。故人之有誉人与毁人之心理活动，亦同样不能否认。

人何以有誉人与毁人之心理活动？他人之是非长短，何异风乍起，吹皱一池春水，干卿底事？人如果只是顾自己生存的动物，人将不管他人之是非而无毁誉。人如果是神，将只有对人之爱与悲悯，或本于正义之赏罚，而无暇于作对人不必有实效之毁誉。毁誉是人间世界的心理现象。这种心理现象，关于毁的方面，似乎可以上段所说好人誉己之心来解释。因毁人即压低他人，压低他人，即间接抬高自己，而使人可转而誉我。至于我之誉人，亦可说是为的使人转来亦誉我，此即所谓互相标榜。但是人之毁人誉人，尽有不出自压低他人，亦不出自互相标榜之动机者。如我们称誉古人与远方之贤哲，即明知其间无互相标榜之可能者；我们由对一所佩服之人生失望之情后，发贬毁之言，亦明非先存压低他人之心者。诚然，人之毁人，固或由觉人对自己有害；人之誉人，亦恒由于觉人对己有利。我之当面誉某人，而毁其他之人，亦有是为取悦于某人，望某人对我有好感，而使我得一利益者。此固皆是由自己个人利害出发而兴之毁誉。此外，人尚有不为自己个人利害而兴毁誉之心理动机，亦无容得而否认。

人何以有不为自己之利害而誉人毁人之心理动机？这当说是因人本会对他人之言行，作客观的价值判断。人对自己之言行，皆可有一好坏之价值判断而有自责，此即人之良知。人可将此良知之判断推扩出去，及于他人，以责望人，即有毁誉。此种毁誉，是直接以我良知所认定之普遍的当然之理为标准，而看人之言行本身之是否合此标准，遂对其价值，作一判断。此种毁誉，是无私的，亦是从他人之人格本身作想的。由此种毁誉，恒可发展为对人之纯好意的劝导与鼓励。此为毁人誉人之心理动机中最好之一种。

但是人之誉人毁人之心理，尚有一种既非为己，亦非从他人之人格本身着想的。此可说是属于广义的美感者。譬如有人一事作得好，我们即誉之，或我想作的，我作不到，或未作完，而他人作得好，帮我作完，我们亦誉之。这时我之誉人，是因觉他人之能完成我所原期望达到的一目的或要求。目的要求在我，而完成之者为他人。此二者配合成一和谐，即属于一广义的美感。此时，他人之言行活动，使此和谐实现，而成就此美感。我们即依此美感而生称誉。反之，则可生贬责之言。

这一种缘于广义之美感之毁誉，细察起来，有一种不稳定性。譬如在此中，我之誉人，如注重其本身之能战胜困难，以作好某事一面，即可发展为上述之对从他人人格本身着想之一种称誉。如只注重其适能达我个人所期望之目的一面，则我之誉人，实际上只是肯定人之言行，对我目的之实现的一工具价值，因而可说是不自觉的为己的。而一切此种不自觉的为己之誉与毁，都是随自己之一时之目的所决定之好恶而变。我喜欢什么，而你能作，我即称誉你；不喜欢，则责备你。但此时我又不必自觉的想到我得了什么好处，或受了什么损失，故又异于纯以自己之利害为毁誉标准者。而文学家艺术家在其心灵为审美性所主宰时，其对人毁誉之变化无常，亦复如此。所谓依于口味之毁誉是也。

四、在精神现象中之毁誉

我们以上所讲的毁誉现象，都可说是属于俗情世间。俗情世间即毁誉与财色主宰的世间，而毁誉之力尤大。马克思能知财主宰世间，弗洛特能知色主宰世间，皆不知毁誉亦主宰世间。尼采、罗素能知权力欲主宰世间，而不知人对人之权力欲乃由人之欲他人承认我、称誉我、顺从我而产生；而毁誉流行之范围，更有大于一般所谓与权力有关之范围者。然毁誉之有效的流行，仍在俗情世间，而不在超俗情之真实世间。真实世间不展露于一般人之日常生活社会现象与心理现象，而展露于人之精神现象。精神现象，只是俗情世间中之少数人所常有，或一般人之在少数时间之所偶有者。

精神现象亦可说是一种心理现象，但不是一般人的心理现象。一般心理现象是随感而自然发生的，精神现象则是为一自觉的有价值的理想所引导的。一般的心理现象，使人对于外面的世界，作各种主观的反应，并时求直接改变环境。精神现象则初是人对他自己之心理现象自身的一种反应，而先求改变主宰他自己之心理以及行为，以使其生活之全体为理想所引导，而由此以间接改变环境。故精神现象可称为一自作主宰的心理现象，或专心致志于一自觉有价值之理想的实现之心理现象。

我们的日常生活，多是顺习惯走。顺习惯走时，我能觉得。但这是心理现象，不是精神现象。人看见一人一物，便发生许多自由联想，由甲至乙，由乙至丙；闲居无事，许多念头在心中，更迭而起。此我亦觉得。这是心理现象，不是精神现象。与人谈话，听人一句话，我生一观念；我说一句话，他生一观念；他再说一句，我再生一观念。群居终日，任兴而谈，言不及义。

这是心理现象，不是精神现象。以至听人讲书，看人文章，欣赏美术，到教堂作礼拜，到难民所去送寒衣，如只是随所闻言语、所见文字、所感境相，而动念动情，都恒只是自然心理，而未必见精神。再如一个人，学问有成，随问随答，登台讲演，口若悬河，听者动容；字写好了，任笔所挥，皆意趣无穷。这赖于此人过去之努力中，曾有一段精神；但此人之现在之能如此如此表现，却可能只是凭恃已养成之习惯，而无新的精神。由此以观人观己，则知人之自然发生的心理现象，无时或断。人日有所思，夜有所梦，都恒只是心理现象。至于精神现象，则惟待人自作主宰，而专心致志，于其自觉有价值的理想之实现时而后有。亦即在人之有创造性的文化活动与道德活动时而后有。

什么是创造性的活动？不是说所创造的东西，以前未有过，模仿亦可是一种创造。创造性活动之所以为创造性活动，必达于一内在的标准。即此活动，乃由我们自觉为一有价值之理想所引导，而专心致志自作主宰的求实现之而生；同时在此专心致志自作主宰之心境中，包含：对于一切不相干者之排除，及对心中与外面世界中一切成阻碍者之克服或超化，由是以持续此心境自身而无间断，是谓精神。故写杂感，不须甚么精神；写长文章或千锤百炼之短文，横说竖说，归宗一旨，对不相干之观念，一一排除，错误之见，一一驳斥，便要精神。准时办公，或不须甚么精神；成就一事业，于一切困难，水来土掩，兵至将迎，鞠躬尽瘁，死而后已，便要精神。随地写生画漫画，不须甚么精神；作一数年乃能完成之壁画，贫病交迫，手不停挥，便要精神。偶然本好心作好事，不要精神；而发心希圣希贤，成佛作祖，使天理流行不断，私欲习气之念，才动即觉，才觉即化，便要精神。精神之特性，在能自持续一自作主宰、专心致志的心境，而无间断。此心境亦恒在其排除不相干者，克服超化其阻碍者中进行。精神生活永远如一逆水行舟，而直溯水源之航行。而此亦即创造性的文化生活、道德生活之本性。

我们知道了精神现象、精神生活之异于一般日常生活心理现象，便知在精神现象、精神生活中的毁誉，迥异于作为一般心理现象、社会现象、经验现象的毁誉。简单说，即在人之精神现象、精神生活中，人必然多多少少视俗情世间之毁誉如无物。人亦惟能多多少少视俗情世间之毁誉如无物，而后创造性的文化生活道德生活才可能。真正的学者，何以敢提倡一反流俗之见之思想？以先视俗情世间之毁誉若无物故。真正的艺术家文学家，何以能开创一艺术文学之新风格，或反当今之时文而倡古文，反当今之时代艺术而倡古典艺术？以视俗情世间之毁誉若无物故。圣贤人物英雄豪杰，何以能特立独行，尚友千古？以视俗情世间之毁誉若无物故。"举世誉之而不加劝，举世非之而不加沮"，"自反而缩，虽千万人，吾往矣"，是一切有精神生活有创造性之文化生活道德生活的人，多多少少必须具备的心灵条件。

俗情世间之毁誉，所以不足为凭，其理由在我们第一、第二节所说：俗情世间之一切言行，皆有被毁与被誉之二种可能。毁人誉人之心理动机，有各色各种，动机不同而为毁为誉，亦因而不同。此即使俗情世间之毁誉，总是在那儿流荡不定，此盖即流俗一名所以立之一故。而俗情世间中之毁誉，所以得流行于社会，而成为对个人发生制裁作用者，其根据则恒只在个人与个人间之会互相暗示、互相模仿同情之自然的社会心理。然人与人之互相暗示模仿同情之言行，恒只是一未经思索的自然言行。人可以未经思索的受任何暗示，而模仿同情任何言行。一切真有价值或无价值或反价值的言行，同可暗示他人，使人加以同情模仿。而利用此人心的弱点，凭标榜与宣传，聚蚊成雷，积非成是，我们即可在一时一地，暂时造成一种毁誉之标准，而形成一种社会势力。因为在无论甚么地方甚么时候，都是有真知灼见的人少，而随人是非的人多；人类好誉恶毁之自然心理，或好名心理，亦总是要投此社会之所誉，避社会之所毁，不敢加以违抗的。由此而见俗情世间之毁誉之流行，经常包涵某一种的虚伪性。而人之精神生活或创造性的文化道德生活之开始点，即在知此中恒涵虚伪性，而先视之若无物。我们亦可说，在人之精神生活、创造性的文化道德生活中，人须要由毁此重流俗之毁誉之念，而自誉其超流俗之毁誉之心境。在流俗的毁誉中，视此种自誉，为孤芳自赏。但说之为孤芳自赏，含有贬毁之意。实则一切精神生活、创造性的文化生活道德生活，在原始一点，恒只是孤芳，恒只是自赏。流俗之所以贬孤芳自赏，表示流俗之毁誉，与超流俗之毁誉之心情，二者间有某一种根本的冲突。

五、求名心之形而上的根原，与超流俗毁誉之自信心

但是人要超流俗之毁誉，是不容易的。从一方面看，孤芳自赏，或人之自誉其能超流俗之心情本身，亦尚不是人类精神生活中之最高的心情。因此中包含一单寒孤独之感。人类思想中，特着重在超人间世是非毁誉之情者，盖莫如庄子。其独与天地精神相往来之心境，亦即古今之至芳。但庄子心情中，仍有某一单寒孤独之感。此外一切纯属个人之精神生活、创造性的文化生活道德生活之发展，其直拔乎流俗以上升，到此心悬于霄壤，而无人能了解时，人皆不能无一单寒孤独之感。因人心深处，另有一难言之隐。此"隐"是原于感鸟兽不可以同群，人毕竟要与人通情。人的心恒需要他人的心来加以了解，加以同情。故逃空虚者，必然闻人足音跫然而喜。人一自觉的要人了解，要人同情，人便可仍免不掉求誉而惧毁，以至重新坠入争名夺誉之场。

有人说，人需要别人的了解同情是不错的。但人得一知己，可以无憾，则人仍可拔乎流俗毁誉之外，更何至坠入争名夺誉之场？但是此问题，实不如是简单。如一知己而可得，何不求第二、第三知己……以至无穷？如只有一知己，其余之人与我全不相知，则悠悠天地，依然荒漠。单寒孤独之感，仍不能去也。而对彼与我全不相知之人，我即仍不免于隐微之中，望其能知我。而有此求人知我一念，则求誉畏毁之心，仍不能根绝，即仍有坠

入争名夺誉之场之可能。故超流俗之毁誉，未易言也。

读者如真知上文所说，则可见人之于流俗之毁誉，实处于两难之境。人如欲有真正个人之精神生活、创造性之文化生活与道德生活，必须视流俗之毁誉若无物，而求超流拔于一切毁誉之外；然人果超拔于流俗之毁誉，孤行独往，又不能绝单寒孤独之感，仍不能绝好誉恶毁之根。故吾人旷观古今人物，当其少年气盛，一往直前，能不顾当世之非笑者，恒至老而媕婀取容，与时俯仰，或贪位怙权，以要名声。其离世异俗，独行其是者，至老则又不胜怆凉寂寞之感。此人生之大可悲者也。人处此两难之间，或转而生玩世感、幽默感与承担悲剧感，以冀逃出两难之外。然此皆各为一种心理精神之现象，实无一真能解决此中问题，今姑不论。

但是我们如果能真知此两难之所自生之原因，亦可知如何逃出此两难之道。此两难所自生之原因，是人既要求有拔乎流俗之精神，而又不能离世而孤往，人必求与世人通情。由是我们可逐渐了解人最难根绝之好誉恶毁之心理，实是人之要"通人我而为一"之道德感情的一种虚映的倒影。人之求名求誉，只是为了使人心灵中有我，所以一个人可杀身以成其名节。一个自愿杀身以成名的人，其临死之际，除了知道在后人心灵中，将有他以外，还有什么？桓温说，大丈夫不能流芳百世，亦当遗臭万年：无美名，臭名亦好。这更表示一纯粹的只望百世万年之后，人之心灵中知有我的心理。是见人之好名求誉之心之所以生，只是因我知道我的心以外，还有他心，而要他心中包含有我，以形成一统一而已。充量发展的好名心，所以可成为求无尽之名者，则因我知有无数他心，故望此无数他心中皆有我也。如果我根本不知有他心，或我心中先莫有他心之观念，则我亦无处去求名，而我若不求他心中有我，亦无所谓求名。然我心既非他心，我何以必求他心中有我，而后我心得满足？吾人于此问题，可思之又重思之，然而答案唯一：即我与他人间，有一心灵上的相依为命，或我与他人有一形而上的统一。直接呈露此通人我而为一形而上之统一者，为人之道德感情。而人之求名心，则可说为此道德感情或我与人之形而上的统一本身之虚映的倒影。

何以说求名心为道德感情或我与人之形而上的统一本身之虚映的倒影？因在道德感情中，我自觉的要了解他人、同情他人、帮助他人、扶持他人，将我所知真美善告人教人。此时，我心中即包涵了他人，而求我自己对他人有所助益。这是人在我心之情爱所润泽之中之下，而我心之情爱，则自内流行以及于外。我是施者，而人是受者。这便是我之直接体现呈露此人我之形而上的统一。而在我们求名誉时，我求人心中有我，则我成为一被了解者，被同情称赞者，我望有一个一个的他心，来施称赞于我，则我落在一一自上而下的称赞我的他心之下，而成一纯受者。又因此中我之心，是一在下的纯受者，故视能施称赞给我之他心，在我之外。他的心既在我外，而我又欲内在于此他心之称赞中，以造成一统一。于是此统一亦即一方成一为我内部之所求，而又在其外之统一。而此所求之统一，即可名之为直接体现呈露人我之形而上的统一之道德感情的一虚映的倒影。

以上所说之一段话，对一般读者，恐只有细细体验一番，才能明白。如果真明白了，便知人之好誉恶毁之心，乃一深入人心之骨髓者。人在幼年少年青年以至壮年，只是一往发展他自己之兴趣、才情，可以不知毁誉为何物。一个天才型人物，亦可终生只是任天而动，无人无我，任其兴趣与才情之所极，以发挥其生命精神，成就其精神生活，而可一生不知毁誉为何物。这种人是天地灵气所钟，其一生亦只是表现发泄其所赋自天之灵气，表现完了，即洒手而去。但是这种人太少。而这种人与一般之少年壮年人，不知毁誉为何物者，都可谓其精神尚在一人我浑然，未真正划分的境界。而当他一朝真觉到人我之划分，我外有人，人们各有其心在我心外时，他亦即可感到人我间如有一深渊。而此深渊，同时造成他自我内部一种难以为怀的分裂。这时人便必然会求贯通人我心的道路。其中一条，是直承形而上之人我之统一，从我发出一道德心情，而求自己之情爱有所流注，自己之力量有所贡献，使我之心能通向他人与社会；而另一道路，则是望他人之心来称誉我、赞美我，使人的心通到我这里来，由此以使我得客观化而存在于他人之心，以获得一我与人之统一。后者虽为前者之虚映的倒影，然其本源是前者，故三代以下惟恐不好名。三代以上，是人我未分之世界。三代以下，是人我既分之世界。人我既分，人便总要走一条贯通人我之道。功名心与道德心情之所由生，同表示人与我之有一心灵上的相依为命，人与我之有一形而上的统一。但是人顺功名心下去，因他人先已被置定为在外，则此人我之统一，永为我所求的，而非为直接呈露于我的。我永在求一外在于我之他心，使我得投入其中，此中有永不能完全满足之渴望，永不可完全弥补治疗之人心我心之分裂，而我与他人或社会，复同时落入一以力量互相对峙较量之关系中。因一方面，许多人之同要争名夺誉，是一力量较量的关系，此中有成有败，有得有失，使人心志不宁。而尤其重要的一方面是：人之求名，乃求他人或社会承认我，但此实依于我之先承认他人与社会之毁誉对我的重要性。而我既然承认他人与社会所发之毁誉对我的重要性，则他人与社会之毁誉标准，即有力量转而主宰我自己，而我必不免于去求合他人与社会之毁誉标准以言行。而俗情世间的毁誉标准，又必然是无定的。由此而人最初之一切天赋的兴趣才情、自觉的理想、自定的价值标准，便都会在要随时顺应他人的标准以言行之一念下，而日渐销磨斫丧。人如愈好名，与缘好名心而好位好权，则此销磨斫丧之事进行愈速，此中竟尔毫厘不爽。任何强作气之奋斗，都丝毫无用。此是必然的真理。而回头的路，则只有把一切向外求功名的心，全部抽回来。然抽回来，只是离世异俗，以忘毁誉超毁誉，又不能免于上述单寒孤独之感，这便逼人只有转而走发展道德心情，以通人我的一条路。

对于人生之毁誉问题，在中国先秦诸子思想中，实十分重视。当时最热中的功名之士，是所谓纵横家、法家之人物。这些人想各种方法，以求时君世主之赏誉。但是《韩非子》之《说难》一篇，却同时把人无论如何亦不能必然得誉而避毁之道理说出了。墨家以贪伐胜之名为无用而尚实利。道家的人物，则看清了徇名者必失己，而求超毁誉，又不免走到一离世异俗之路，而难逃空虚者之哀。只有儒家在此斩钉截铁，分辨出一个君子求诸己，古之学者为己之学。求诸己或为己之学，一方是要视世间毁誉若无物，而拔乎流俗；但同时要人尽己之心，以发展其道德心情，以通人之心。后来宋明儒者，无不在讲明此为己尽己之学。刘蕺山著《圣学吃紧三关》，其第一关即人己关。此关是不易过的。过得此关，方见为己尽己之学之实义。这是一旋天转地的枢纽。古往今来，莫有多少人真完全过得去。过不去，不是一定对他人有甚不好，但过不去，则个人之一切天赋精神力量，必然在他人与社会前销磨斫丧，个人总在不断失去其自己，而永远在一有人我对峙之世界中生活；乃永不能直接体现呈露人心深处之人我的形而上的统一，而永不能上达天德。

我们如从一方面去看，则社会上尽多本道德心情，以为社会或家庭或一团体服务，而不求名声之人，他只希望对人作点有益的事。这种人在智识分子中少，而在一般社会中确多。自此说，求诸己尽己之言，亦易作到。但是我说，这是属于一般人之天赋性情的，这不真见工夫。真工夫，要碰着困难才算得。譬如说一个人可以本其天赋的性情，而乐善好施，此尚容易。然一人乐善好施，至倾家荡产，虽他人无一言以同情赞赏，而犹望有日再得家产千万以施舍贫苦则难。若他人不仅不同情赞赏，乃转而反对其所作之事，视为毫无价值，或以为存心叵测，以至加以埋怨毁谤，而他犹能冒天下之怨谤，以行其素，此又难上加难。此外，任何绝对不计毁誉，一往只求诸己尽己之事，亦实是莫不在原则上有同样之困难。故知真正要过此一关，此中必有一番大工夫在。

此大工夫所在，决不在意气。意气至老而衰，历久而弱，与他人意气相抗而驰，终济不得事。然则此工夫，在何处求之？答：此工夫唯在真正之自信求之。只有真正自信，可以弥补不见信于他人时之心灵上的空虚，而可冒天下人之轻忽怨谤，以行其素。何以人有真正之自信，即可冒天下之怨谤而行其素？答曰：怨谤者乃他人之判断。然真自信者，自知其言行之真是之处何在，即能自判断其言行之为是，因而即能判断他人之疑惑怨谤之为非。既知其为非矣，则吾又能知"我之判断其为非"之本身为是。此之谓自信。有自信，则一切无根之疑惑怨谤，无不一一萎落销沉于此真能自信之心前，而若未尝存在。"自反而缩，虽千万人，吾往矣。"此无待于强作气也。自信心之足以超临于流俗之上，能以"一是"非"众非"而已矣。

或问：我是一人，彼是千万人，何以一人之自信心，可以胜千万人？答：如实言之，真自信心者，能无限的自判断其心之是之心，亦能知一切非之者之非之心也。无限一切，非数之所能尽，岂只超越流俗之千万心而已哉。此非玄学，乃实事也。

何以言之？譬如，我写此文，如我确知不是为名为利，则无论有千万人说我是为名为利，此千万人总是错的。再有千万人说，仍是错的。于是我在现在即可以断定，古往今来，横遍十方，一切无量众生，说我是为名为利，一律无一是处；而于我之谓其无一是处，则可自知为绝对之是。人能于此切实参究一番，便知当下一念之真自信心，即一能"无限的自判断其心之是，亦能知一切非之者之非"之无限心体之当下呈露。而自信者之自信中，所包含之自己对自己之此种内在的无限了解，与其中之自慊，即可代替人于求名心中所求之外在的无限的他人对己之了解赏誉，而与之为等值。由此便知千万人非多，一人非少。道之所在，德之所存，天下人知之誉之而未尝增；我行我素，举世莫我知或横加谤议，而我一人自知之，"知我其天乎"，而未尝减。此皆非玄学而为实事也。圣人所以能自信其心之"建诸天地而不悖，考诸三王而不谬，质诸鬼神而无疑，百世以俟圣人而不惑"者，正以此当下之心之自信，即已能穷天地、亘万古，而知其莫之能违也。人能于此向上一着之参悟上立根，然后真能拔乎流俗毁誉之场，游于人世是非之外，而有独体生活之形成。庄生之学，抑尚不足以语此也。

六、为俗情世间立毁誉标准所在之重要

为己之学，到家是自信。但自信到家，则必须再求为世间树

立毁誉之标准，此即孔子之所以必作《春秋》。此尤为一切学问中之最大学问。何以真自信者，尚须为世间立毁誉标准？曰：此非真自信者为己之事，乃真自信者本其道德心情，以为世间之人之事。盖流俗世间之人，势不能直下一一皆成自信之人也。流俗之所以为流俗，乃在其一切毁誉标准，总在那儿流荡。流荡不已，是非淆乱，而人生道丧。人之名与实乖，人之德与位违，智者寂寞而愚者喧，贤者沉沦，不肖者升，人间乃有无穷愤懑，无限冤屈，无端哀怨，此之可悲，亦可不亚人世之饥寒之苦，与鳏寡孤独之无告。故知流俗世间，必有为之定是非毁誉之标准，止其流荡之无已，而为之主，足以慰人情之求名实之相应者。此则非有真知灼见，能念念本良知之判断，以为是非，对人不为求全之责备、不逆诈、不亿不信、不由果罪因、不以私乱公，而由人之本身设想（参考本文第一、三段），以施毁誉之真自信者，将不敢于一时流俗之标准外，另定标准，以冒流俗之毁也。真自信者，求为世间立是非毁誉之标准，又必本此上所言之大不忍之心行之。此心之愿，除欲正是非，一平人间之愤懑冤屈哀怨之气外，更无他求。非欲暴其矜持之气，以与世相亢也。夫然，故论道宜严，取人宜恕。激切之直言，固所以自绝于乡愿，亦以不直则道不见也。然除此以外，亦恒须寓毁誉之言于隐约之褒贬，使言之者无罪，闻之者兴感发而自戒。斯毁誉之为用，乃日同于教化，是孔子《春秋》之志，名教之所由立也。至于圣人之存心，或理想之人间世界，则当期于一切人之直接相与之誉，皆化为人之互欣赏其善之事，而毁皆化为人之过失相规之事。对远方与古代之人之毁誉，则化为恨吾之未得见，叹息其过之未改之情。人之互欣赏其善，与人之过失相规者，师友间之事，其中固可无人己毁誉之见，存乎其中。而俗情世间之毁誉，至此乃真超升而入一真实之世间，遂若存而实亡。庄子曰"鱼相忘乎江湖，人相忘乎道术"，"与其誉尧舜而非桀也，不若两忘而化道"。有毁誉，则人与我不能相忘。人与我不能相忘之世间、破裂之世间，乃未尝体现呈露人我之形而上的统一之世间也。故有毁誉之世间，惟是俗情世间，非真实世间。然此上所言，人互欣赏其善而过失相规，是视人之善若其善，视人之过若其过，此即人我相忘之世间也。然此人与我相忘之世间，非逃空虚之境，亦非人我随缘遇合之境，而是人之心光，相慰相勉，相照相温，见无限光明、无限情怀之世间。此即儒家之理想的人间世，所以胜于道家也。至于在今日真能自信，而关心世道人心者，所以为世间树是非毁誉褒贬之标准之道，又当自视其在社会所处之地位，所当之时势，所对之人物，而不一其术。然要皆可各有随时随地随机，足以自尽其责，以为流俗世间，定是非毁誉之标准之事在。凡此等等，皆各有一番大学问存乎其中，而一一存乎自信之仁者之心。是则有待于读者之深思自得者也。

一九五四年十二月十四日

第二篇
心灵之凝聚与开发

一、心灵之凝聚与开发之轮转相

人间万事由人而作。而人之作事，由于心灵为之主宰。心灵之大德，即在能开发它自己，亦能凝聚它自己。

心灵的开发之反面，是心灵的闭塞；心灵的凝聚之反面，是心灵的流荡。闭塞似凝聚而非凝聚，流荡似开发而非开发。

在我们日常生活中，我们恒不免本自己一套不自觉的情见私欲或习气，来作主张。这些情见私欲或习气，在我们的心灵的天地中，凭空添上许多墙壁，心灵安得不闭塞？

但是人在要把这些墙壁加以推倒时，又常连人带马，一齐都倒，整个的生命心灵，都向外流荡。此情见、私欲与习气，则如泥沙之与黄河水同时泛滥而出。人之心灵，昏浊如故，不过貌似流行有力而已。

此时再筑堤堵塞，人之心灵又或再归于闭塞。

大约人通常都是在此心灵之闭塞与流荡中轮转。流荡便不能凝聚，闭塞便不能开发。以流荡为开发，以闭塞为凝聚，则产生人生之一最大的颠倒见。

而另一人生最大的颠倒见，则是在心灵正闭塞的时候，人因自甘闭塞，于是反而视心灵的开发为流荡，而不去求开发。而在心灵流荡的时候，他亦可因自甘流荡，于是反而视心灵的凝聚为闭塞，而不去求凝聚。此即自己关了能超越闭塞与流荡的智慧之门。

这时须要开发智慧，亦须要凝聚智慧，去认识甚么是真正的心灵的凝聚与开发，其与心灵的闭塞与流荡之别，在何处。本文想多少帮助读者有此认识。

我不希望说的太多，以免使读者之智慧流荡。如果读者觉得我说得太多，希望他本其智慧再加以凝聚。如果读者觉我说得太少，亦希望他自开发其智慧，以思惟本文之所未能说及者。

欲认识心灵之凝聚与开发，无妨先从似在心灵之外的事物之凝聚与开发说起来。我们说心灵，不先说心灵自己，而先说它以外的东西，使人先想它以外的东西；此"想"，亦是心灵自身的一种开发。而由此再回头，说到心灵自己时，则又是心灵自身的一种凝聚。

二、自然世界中之凝聚与开发

我们知道，自然界的事物总是不断在那儿开发，那儿凝聚。开发是一化为多，凝聚则多结为一。万物由开发而生，由凝聚而成。这是中国先民极早便认识的道理。从一般物理说，动是开发，静是凝聚；热是开发，冷是凝聚。从时间说，昼之阳光普照，是开发；夜之覆盖万物，是凝聚。春生夏长是开发，秋收冬藏是凝聚。从植物说，百花齐放是开发，绿叶成荫子满枝是凝聚。种子开花，花结种子，是一无尽相续的开发而凝聚、凝聚而开发之生命历程。而从整个之生命世界说，则你看植物之位于一定的空间，上承雨露，向日朝阳，下面根须四出，以吸养料，而成其自己枝干花叶，这便是一种以开发为凝聚。而动物之赖植物为生，必有休息睡眠，以反于混沌无知，然后醒来能巡行四方，游目四顾，便是一种以凝聚为开发。一切生之孳生，大皆由雌雄牝牡，交接凝合而生，人间儿女言情，乃在山间水涯；夫妇欣合，恒于洞房静夜。亦以其他人缘既断，彼此之精神与生命，乃更得其凝结之道，而后能开心发情，生儿育女也。由此等等，是知在自然之世界，实无往而不见凝聚，无往而不见开发，而二者乃相依以成宇宙之日新而富有者也。

三、心灵与自然世界之关系

其次，从我们人与自然之关系上说，则人之异于其他自然万物者，在其有自觉的心灵。此自觉的心灵，亦即宇宙之心。人由此自觉的心灵，向外面之自然看，只见日往月来，云行雨施，草木茂盛，禽兽繁殖。此不断日新而富有之自然世界，从整个看，只是一大生广生，生生不已，不断开发化育之历程。其中间之节节段段凝结聚合之历程，若隐而不见。人于此遂唯知赞天地之化育。然而人如回头看人之此心，何以能认识体会此自然世界之森罗万象，与其开发化育之历程；便知此乃是以天下之至虚，容天下之至实；以天下之至简，御天下之至繁；以天下之至微至精，彰天下之至广与至大。只此心之一点灵光不昧，便能包涵万象，使日月于此见其明，山河于此呈其形，风云变态，花草精神，飞者飞而走者走，皆为此一点灵光之所彻，如一一收摄于此灵光之内，再卷而怀于其此心之无尽藏之中。则吾人心灵之在自然世界，即自然万象凝聚之所。而天地之所以有人，人之所以有心灵，盖即以若无人之此心灵，则整个自然万象，将只是分别并行的自凝自流，而无统一的凝聚之所也。

四、人文世界中之凝聚与开发

然我们自人对自然加以认识之活动本身，及人对自然世界所作之事业、所造之文化看，则又将见此一切皆依于人之自开蕴藏，而自发其心。混沌凿破而人工开物，天机泄露而人文化成。人之能造物质文明与社会文化，皆不外将自然与人心本有之能力，使之由隐而显，由幽而明，由寂天寞地而地动天惊。此若无所增，又大有所增。此所增者在形式，不在材质。形式者，文也。故曰人文，曰文化，曰文明。人文、文化、文明者，以人对自然之开发一面而言也。

但是克就人在自然所造之文化自身看，亦复由二面构成。一面是文化中已成之具体成绩，一面是运用此一具体成绩之人之精神。此已成之具体成绩，原为人创造文化之精神所凝聚而成。而运用此具体成绩之人之精神，则可对此具体成绩之意义与价值，加以新认识、新理解、新开发。已成之具体成绩，谓之过去之历史。而认识理解过去历史之意义与价值，加以新开发者，谓之生生不已之人类创造文化精神。唯此生生不已之人类创造文化之精神，能创造人类未来之历史。

自历史以观文化，则人类全部文化，自今已往，皆是历史。而历史中之事，一一既皆过去人精神之所凝聚而成，则一一如皆已决定，永不改移。人之历史意识，乃一一再加以认识考证。愈认识考证，而如愈决定，愈为永不可改移者。此之谓人生之历史意识本身之凝聚性。然而自人当下之创造文化精神，以观历史，则历史实存于人之历史意识之中。历史中之事之意义与价值，皆在现在与未来。如现在未来尚未决定，则历史中之事之意义与价值，亦不决定；而唯由人之创造文化的精神，以刻刻加以翻新。此之谓人之创造文化精神本身之开发性。

其次，从人类文化中之各部分看，则一切社会政治经济之组织制度，为无数人之共同习惯、共同理想之聚积凝结所成，其性质遂比较固定而难变。而一切文学艺术之作品、学术思想，则更赖于个人精神之创造与开发，其内容遂复杂而多岐。故观人类文化生活之轨道，必观之于制度；论人类文化生活之生命，则必求之于文学艺术与学术思想。组织制度，当求其安定而可久，足以凝聚群众之人心；文学艺术与学术思想，则当求其能善化腐朽为神奇，足以开发个人之德慧，以文学艺术对学术思想而言，则文学艺术重在兴动人之情感，偏于开发；学术思想重在统整人之观念，偏于凝聚。在学术思想中，则由约至博是开发，由博返约是凝聚。故科学更重开发，哲学更重凝聚。凡此之分，皆相对而言，可说者甚多，而不必一一加以列举。

五、人性人格与人文之关系

然文化乃原于人精神之创造，表现于社会。唯人之人性自身，乃人一切精神之创造之本原。人之人性原于天。大心并发，天德流行，凝聚以成人心与人性。人心人性开发，而有个人之人格实现，社会之人文化成。然文化之内容，可分部门与领域，而个人之人格，则各为统一之独体。由个人之人格，分别发展开拓其各种心灵活动，而个人可有所贡献于社会文化之各方面；社会文化之各方面之发达兴盛，又聚合交凝，以陶养一人之人格。故又可谓人文由人格而生，此如繁枝茂叶之原于一一之种子。复可谓人格由人文而成，此如花叶相扶，还结为一一之果实。果实或种子为自然世界生机之所寄；而个人之人格，为人文世界人类历史世界生机之所寄。故由观人文世界之复杂丰富，至观个人人格之统一而各为一独体，而后吾人观此人间之智慧，乃由分散而集中凝聚于此人间之至实与至真。

各种人格中，有由人性之自然的表现开发，及社会文化之自然的陶养铸造，而成之自然人格；亦有真正能自作主宰之精神人格。人之人性自然要表现开发，人所生息之社会文化，亦自然要去陶铸出与之适应之人格。由此而有上所谓自然人格。此自然人格，如为一自然之人性，经社会文化之风气之自然的吹拂，所成之果实。而此果实，却不必即能为开创未来文化之种子。唯真正自作主宰之精神人格，乃能既承天心之开发、天德之流行，以有其自然之人性，而又不只任此自然的人性自然的表现开发，而能自觉此人性之为我有，而自己决定其人格之如何形成；于是乃能一方承受其所生息之社会文化之陶铸，又能转而陶铸其所生息之社会文化。然后可为开创未来文化之种子，既能为果，亦能为因。自作主宰之精神人格，即其心灵或精神能自觉的自己凝聚于其自己，以自己开发其自己之人格。此宇宙间之开发凝聚之二大理，亦唯在自作主宰之精神人格中，乃不复只相对而并立，分散于外在之万物，且显其真正之统一，以直接呈现于此精神人格之内部。

六、心灵之闭塞相与流荡相之因与缘

心灵之开发不易，心灵之凝聚尤难。大率质地朴厚者，心灵最待开发；而天资颖秀者，其心灵最须凝聚。否则质地之朴厚，或归于智慧之闭塞，而天资之颖秀，难免于聪明之浮露，而归于精神之流荡。闭塞为心灵开发之大敌，流荡为心灵凝聚之大敌。知己知彼，百战百胜。不知心灵之有大闭塞与大流荡之患者，亦不足以知心灵之凝聚与开发之要也。

人之生也，形气限之，限于身躯之七尺，限于有生之百年。唯人此身躯之劳而必求息，则人心有白日之昭明，亦有睡眠之昏沉。唯此百年内，人不能长壮不老，则人有精力充沛之时，亦有神志衰退之期。欲养此身躯，人不能无饮食之事，欲续此生命，又不能免男女之欲。此皆人与生物之所同，自然所施于人之大限。然谓此为心灵之大患所在，或溯原此心灵之闭塞与流荡，于此人与生物所同有之大限，则又似是而实非。盖凡此人与生物所同受之限制，实依于天地间凝聚开发相依而有之公理。此观前文所论而自明。人依此理，日出而作，日入而息，而幼壮，而衰老，而有饮食男女之事，以与万物共此天地间之公理，以自凝聚自开发其自然生命，固不必足见人之德性之所存，然要亦非人真罪恶之所在。人心灵之闭塞与流荡，乃人之心灵内部之罪恶。若徒溯其原于人自然生命中所受之限制，此乃卸责归罪之方，是由吾人未尝凝聚此心以观此心所生之谬见也。

如实言之，人心灵之闭塞与流荡，只有其如何如何之闭塞与流荡之相貌，可资描写。其外缘，亦可加叙述。然实无决定其必有此闭塞流荡之外在原因可追溯。无论追溯之于自然之限制，或人类祖先之亚当，或前生之业障，此皆出位之思，而无究竟之论可得。如谓此原于一魔，则此魔亦不在外，而非有实体，足决定人心之必有如是闭塞或如是流荡也。若果真有外在原因或实体之魔，足决定人心之必有如是闭塞或流荡，则此心灵如是闭塞或流荡之命运，即必然注定，决无可逃；而化闭塞为开发，以凝聚止流荡之事，亦终古无可能。人之自开发而自凝聚，以成自作主宰之人格，亦终古无可能矣。

心灵流荡之相貌，为开发复开发，而无凝聚。心灵闭塞之相貌，为凝聚复凝聚，而无开发。开发复开发而无凝聚，如开发之离凝聚以远扬；凝聚复凝聚而无开发，如凝聚之舍开发而自锁。人心灵之开发与凝聚，乃相依相养以为命。而当其相离，则开发如远扬无归，遂成流荡；凝聚如自锁不出，遂成闭塞。流荡之心，依于开发，而失开发之所依；闭塞之心依于凝聚，而失凝聚之所依。故在能自凝聚自开发之先天心体上，皆为无根，而只根于此心体之一端之用。一端之用，不与他端相辅为用，以周行不殆，遂还自竭。故流荡之行，闭塞之志，终难久持。持之既久，心灵之生命，乃归于自杀。

心灵之闭塞与流荡，皆在先天心体上无根，而唯由于心灵之自陷于其凝聚或开发之一端，以使二者相离而生。至于此自陷之何以生，乃不能再问者。此是尽头处。若人再问，即是执此自陷，为一实在之对象，而视如有体。此执之本身，即为自陷之加深。须知此自陷，实只有相有用，亦可姑说依于一自陷性为根；

然此性非心体之本性，而此性仍在心体上无根。故于此性，亦不能视如有体，而吾人之视自陷如有体之执，其本身亦只是另一自陷。此另一自陷，还复在心体无根。此义读者有疑，无妨暂存于心，以供参究，以待一朝之豁然，亦不必勉强求解。然由人心之自陷，而成闭塞与流荡，则有外缘可说。明其外缘，则亦可助人之释此惑。

人之心灵之闭塞之外缘，即人过去生活所留于心灵之内在的累积习气（私欲意见均由习气成）。人之心灵流荡之外缘，即人之当前生活所遇之环境中，外在的不断刺激。然此过去生活之累积习气，并不必然的决定当前之我为此累积习气所缚，以致此心之闭塞；而此环境之不断刺激，亦不必然决定当前之我为此不断刺激所摇，而致此心之流荡。故皆只为当下此心之闭塞与流荡之外缘，而不能为其因。

我们前由人心能认识自然世界之万象，而存记之于心，以见此心之为无尽藏。然人心匪特能认识自然世界之万象，而存记之于心；亦且能将其在人间世界之生活中，自己所见所闻所感所思之一切，一并存记之于此无尽藏中。此皆可见人心之凝聚一切，而加以保存之盛德。然人心之每有一存记，乃人心自己之自呈其凝聚之用之一结果，而此一结果复有一吸注人心，还就其中，加以执着以沉陷其中之另一用，而足致心灵闭塞之结果者。由此以观此心为无尽藏，即亦为内含无尽之幽暗，而暗中如有无尽之陷阱者。吾人平日生活中，每一观念之生，每一情欲之动，每一行事之成，当其保存于此无尽藏中时，皆可各从其类，凝为习惯。而此习惯既成，则无论为善为恶，皆为可吸引人之还就其中，加以执着而沉陷其中。则此时之恶习惯，固可导人为恶，善习惯亦可使人蔽于小善，而忘大善，以成不善。此习惯之可吸引人沉陷，如有一种不可见之气，故名之为习气。

我们说人心之又一大用，在其能开发自然，创造文明文化，与形成历史。于是人之环境，即恒非一自然环境，而是一社会文化文明之环境。人今所处之自然环境，亦多早经人之改造，而非复自然之本相。由此而见人之精神能主宰自然，以开创出人文世界之盛德。然人所创造之文化之成绩，由物质器物，至文物，如艺术作品与书籍等，所表现者，皆依人某一目的而成，亦所以供人之达某一目的之用者。故当其接于人之耳目之时，人即恒同时思如何加以应用。于是一物质器物或文物，分别言之，固无不可为人之心灵之继起而有所开发之所凭借；然当其纷至沓来于人之前，为人所目不暇给之时，则可互相牵连，以成为对人心灵之一引诱，而导致人心灵之流荡者。如吾人至都市街头，目迷五色，则恒不免导致一心灵之流荡，而自然界中之云霞灿烂，则不导致心灵之流荡者。正以都市街头之每一物，皆不自觉间引诱人对之作一要求，思凭借之以达一目的。然欲此物之目的未达，而彼物之刺激已来；于是人之心灵，遂方欲住此，又复之彼，遂成流荡。夫心之欲得一物以达一目的，亦是一种心灵之开发，而当其既达一目的，则复归于凝聚。至在此流荡之心情中，其方欲住此，又复之彼；正是此心之尚未得凝聚之所，又复另求开发。后一开发之生，正承前一心灵之开发之用，其未完成处而起。故其先后一开发，未能直接依于先天之心体，而成浮游无根者。此种人文事物之足导致人心之流荡而浮游，不仅都市街头目所迷之五色为然。即对于人与人间交游聚会之事，一时代之社会文化风气之变动转移，学术思潮之动荡起伏，人若无贞定凝聚之心灵，与之相遇，而只是随人脚跟，学人言语，与时俯仰，随众是非，无不可导致心灵之流荡而浮游。人或于此冥然罔觉，遂由心灵之流荡浮游，进至生活上之放肆恣纵，对人态度之轻薄佻达，终于整个人格之堕落。是乃不知人造文化之成绩，社会文化之风习，亦可为人心灵之重重诱惑，人心灵没顶之漩流之义之过也。

七、心灵之开发与凝聚之易与难

我们如果了解此导致人心灵之闭塞与流荡之诸外缘，便知人心之能存记一切而为无尽藏，能开发自然，创造社会文化，固见人心之能"卷之以退藏于密，放之则弥六合"之盛德与大业；然此心所存记与社会文化之自身，同不足恃为我当下的心灵，自作主宰的任持其为一能开发又能凝聚的心灵之凭借。匪特不足恃之为凭借，而此亦正为吾人当下之心灵可能由之而致闭塞之陷阱之所在，与可能由之而致流荡之漩流之所在。吾人唯有知此当下的心灵，于此之一无足恃，内见处处如有陷阱，外见处处如有漩流，而生一如临深渊、如履薄冰之战栗危惧之感，然后方足语于真正之自作主宰的精神人格之树立，及能自己凝聚亦能自己开发的心灵之树立。

但是此树立，似难而又不难。因此上所说为内外之陷阱与漩流，其本身亦并非陷阱与漩流。因其本身皆依于心灵之能凝聚一切、开发一切之盛德而有。惟因吾人之有堕落之可能，而后反照出其为陷阱与漩流。而此所反照出之陷阱与漩流，又实未尝必然的决定吾人当下之心向之而堕落。故人于此一念超拔，内不为个人习气之俘虏，外不逐物而徇世俗，则个人已往之经验，皆开发我未来生活之种子，人类所造之社会文化，皆人铺陈于自然之锦绣，而足以衣被人生者，更何陷阱漩流之足言。然此义终不易为人所直下承担，而在吾人今日则尤难。则吾人仍当先知吾人心灵之闭塞与流荡之患，实不易除，而更当有一艰苦之感也。

八、吾人今日在社会文化上之处境

吾人今日之所以尤难免于心灵之流荡与闭塞之患，不特由于人类之通病，且由吾人今日社会文化上之处境。大率人在青年，其人生经验不多，知识不富，而人事关系亦少，故成见不多，私欲不杂，其精神恒能向上开发，朝气勃勃，少心灵闭塞之患；而其患则恒在易感易动，向外驰求，而心灵苦难凝聚。反之人当老年，则经验渐多，知识日积，精力内敛，更能凝聚；而世故渐深，成见日固，其患遂患在心灵之闭塞。一民族亦然。当其初兴，恒善表现其创造文化建制立法之天才。及其历史既久，则其过去之文化成绩，既为其未来文化之继续开发之根据，亦恒为其继续开发之桎梏。中华之民族，正为历史最久，过去文化之成绩积累最多之民族，而其文化之成就，愈至后期，亦愈偏重在用之于凝聚、抟合、和协此一大民族之人心方面（拙著《人文精神之重建》卷下《人类精神之行程》曾详论此义）。而今之西方文化，则原于诸较年轻之民族所创造。故精力充足而重在分途开展，以发挥表现其力量于世界。中国文化发展至满清，其大病正在民族精神之由凝固而胶结而闭塞。西方近代文化，自十九世纪至今，整个言之，明是由四面开拓发展其政治经济之力量，而使此力量到处流荡致沦为世界之侵略者。其学术思想主义，亦愈分愈歧，愈变愈奇；忽而民主，忽而独裁；忽而资本主义，忽而共产主义；忽而个人主义，忽而社会主义；似日新月异层出而不穷，实则日近于走马灯。其精神正日近于流荡。而以此分歧流荡之西方政治经济势力及学术思想主义，与中国之满清之闭塞相遇，于是中国之凝聚固被冲开，中国之社会文化亦日被破坏。各色各样之政治主义学术思想，流荡于中国之结果，乃使中国人心亦流荡不已，无一息之安。而终有共党之临于中国，皆中国式之闭塞心灵与西方式之流荡心灵合作之产物，而在今日吾人自救之道，则惟赖吾人由心灵之凝聚，以从事心灵之内在之开发，而开发中国传统之文化，以凝聚西方之近代文化也。

自吾人之先天心体言，彼实原具即凝聚而开发、即开发而凝聚之大用。此心体之大用，恒见于吾人心灵之自觉。心灵之自觉，是心灵之复归于自己，是谓凝聚。然人之心灵，不超升一步，即不能自觉。此超升之谓内在的开发。故人之自觉之事，乃念念凝聚，亦即念念超升，而念念开发者。但舍此心体之大用或自觉之本身不说，则此凝聚开发之二用，恒由所对治之心灵病患之不同而分别呈露。闭塞之病患见，则要在开发；流荡之病患见，则要在凝聚。由此看人格之形成，则其重在心灵之开发而去闭塞者谓之狂，而其重在由心灵之凝聚而制流荡者谓之狷。人能狂而后有风，人能狷而后有骨。风骨者，依心灵之开发凝聚而后有者也。由此以看中西历史文化之发展，则中国三代之敦厚，盖偏在表现民族心灵之凝聚。春秋战国之学术与社会，则偏在表现民族心灵之开发。及战国士人精神流荡、化为游士，而秦则继之以闭塞。汉高祖豁达大度，为一能开发秦之闭塞者，汉光武为一具凝聚精神之人格。大体说魏晋南北朝，乃为另一流荡之时代。而隋之集权专制，则为此流荡之反动。唐承隋而重文化与国家土地之开发。宋之立国与学术文化，则重凝聚，明法唐而功业不继，至清而政治文化精神，日益成为闭塞。清亡至今，社会政治之变动迭起，历新文化运动以来，民国之学术思想，大皆中无所主，人心又趋于流荡。故有如今之欲由极权以闭塞人心。至于今日海外之自由人士，则以承新文化运动以来之学术思想，其病患则不在闭塞，而仍在流荡。则为今之计，必须兼开共党之闭塞，并凝聚海外之人心，而后可挽回中国之国运。然共党之闭塞，吾人不能自其内部开，而须由外部打进。而此时外部之人心之大患，既在流荡，故吾人不可不重由心灵之凝聚，以从事心灵之内在之开发。

复次，自西方之文化言，希腊哲人时代以前，有一重精神凝聚之时代，表现于其宗教。自哲人时代起，而希腊人之心灵，遂重在一般学术文化之开发。而当希腊文化之衰，怀疑思想起，人心乃流荡无依。马奇顿、罗马起，而与希腊世界以一凝聚，而罗马之重法，亦闭塞希腊世界之自由思想。由罗马帝国之开发至极，而奢淫之风见，内部政争频仍，北方蛮人南下，而此时之西方人之精神，亦不免于流散动荡。基督教之宗教与神圣罗马帝国及中古之经院派哲学神学，复加以凝结。中古之精神，因重上帝之启示、教条之信仰，复不免闭塞人之智慧。而西方近代人又重人之智慧与生命之开发，近代文化遂大呈灿烂。然西方政治经济学术文化势力，膨胀流荡而及于世界，又不能无病。如上文所述。吾人今面对此西方文化之冲击，若不甘一无自主，随人流转，则舍由吾人自己心灵之内在的凝聚开发，以一方开发传统之中国文化之精神，一方凝聚西方文化之优点，而合冶之于一炉，此外亦无他途之可循。中国过去学术文化之长，在能尚简易，善于凝聚融协人心，故吾言当加以开发。近代西方学术文化之长，则在善于多方开发，故吾言当加以凝聚也。（此上论中西文化者，可参考拙著《人文精神之重建》论中西文化诸文。）

九、心灵之凝聚与开发之道路

人如何建树一善自凝聚而自开发之心灵，其道颇难言。由一念自觉处，直下承担此中即凝聚即开发之心体大用，是一路。由哲学反省，以逐渐会归此义，是一路。由宗教信仰，以凝聚此心于神或仙佛之前，借对神等之信仰，以内在的开发此心，是一路。恒凝神以观照一超越之理境或形上境界，进以使此心空阔无边，廓然无际，是一路。专心聚智于一学问一事业，由学问之进步，事业之拓展，以开发此心，是一路。此中方便有多门，有或直接或间接、或简易或繁难之别；而人以各种气质之不同，亦或宜于此，或宜于彼，盖难一概而论。

但是我们无论从何路下工夫，均同有一初步的工夫，即了解此事之重要。如果人根本不了解此事重要，则一切工夫，都无从说起。了解此事的重要之了解本身，亦即要待心灵之有一种回头的反省，回头的凝聚，而后可能，而此中即同时有一心灵之内在的开发。本文之目的，即在指出此事之重要，以帮助人之了解。人如果真由此而多少有所了解，便当知在此了解中，当下有一心灵之内在的凝聚与开发，而此即是一切进一步的工夫之把柄。

由了解此事之重要，进一步的一种起码的生活态度，是不使我们心灵对于当前的事物，一一都要照顾。人对于当前事物，一一都能照顾到，亦是一极高之境界。但是人在开始自求其心灵之凝聚时，却要有所不照顾。有些东西，我们要视而不见，听而不闻；有些世界或中国之名人，我不必求认识；有些群居终日言不及义的聚会，我不必去参加；有些哗众取宠的讲演，我不必听；有些浮游无据的文章，我不必看。人必有所不为，而后可以有所为。人之有所不为，即人之精神向自己凝聚的开始，而求内在的心灵的开发的开始。

其次，不追赶时代之潮流，是心灵能凝聚而自求开发的人，必当自己建立的一精神态度。时代潮流可以有好的，但好与不好另有标准，不当衡之以时代。只衡之以时代，而只想追赶时代，则本身便是一种不好。这将只使人之心灵，永不能免于流荡之境。因为世间日日有新事，日日之报纸都是满满的。商店的广告与政治家的宣传，总是会天天变花样的。应时的作家，照例要随时找题材写文章的。其中当然总有些好东西，但人之精神，不能只向此注意，顺这一切去放散。放散而终归于应接不暇，则必致心灵之流荡。于此人欲求心灵之凝聚，首先须有一反时代超时代的意识。无论是西方人之创造未来时代，与中国古人之上慕三代，希慕古人，皆一反时代超时代之意识。此意识使我们可暂与当前之时代有一隔离，此在古人，称为拔乎流俗之上。由此然后能使我们之心灵，得一内在的凝聚与内在的开发。

但是上面所说之求心灵之凝聚与开发之起码的生活态度，我们只能从其能使我们之心灵不要向外流荡上，去了解其意义。我们不能因此而真积极的主张，人当脱离当前之时代，而只梦想于未来之时代，或留恋于古代；更不能真积极的主张，人当与他人隔绝，真对世间之事一切，不求见，不求闻。因为如此，正是前面拒虎，后面进狼。此立即将造成心灵之闭塞。此闭塞恒是闭塞于我过去之经验意见习惯之内，与自己个人对过去时代之偏爱，个人所执定之对于未来时代之理想。追赶时代而蔽于今，抗心希古而蔽于古，以及只知企慕未来，沉酣个人之理想，同时未能超出时间之观念。而务外徇俗与傲物自恃，亦同是未能超出人我之观念。

十、真理为心灵之凝聚与开发之所依，及师友之义

然则中道何处求？通常之一简单的答覆是，我们要重今亦重古，要重己亦重人，当古今兼通，人己并重。这个话亦可说。但是如何能应用来恰到好处，究竟古今各占多少分数？人与己又各占多少分数？何处是既不偏此、亦不偏彼的中间一点，这却无人能说出。以此假想之中间一点为标准，则世间可无合此中间一点之人。故我们对任何人总可说，知古而不知今，或知今而不知古。又总可说他以人蔽己，或说他以己自蔽。此中间一点，如有一无厚之刀锋，亦无人能行于其上。

然实则此问题，又并不如此之困难。世间自有一超人我古今之别之一物，容一切人于其道上行。即真理之为物是也。人只有以真理为标准，乃能评判人我，进退古今。凡真理必能通达，此

即心灵所资以开发而去闭塞。凡真理必贞定，此即心所资以凝聚而去流荡。人以真理为标准，则如我之所见而真，虽千万人吾往矣；如他人之所见而真，则如禹之闻善言则拜。如今者为是，则积千万年之非，不足胜今日一朝之是；如古者为是，则再历千万年之后，而未尝不常新。吾人今之所言，虽亦是老生之常谈，然人如只视为老生之常谈，则其心亦为流荡心。必须先去此流荡心，不视此言为老生之常谈，而亲自见得此常谈中之实义，信得真理之为无古今人我之别，恒自贞定而通达；然后人之心灵方能得其凝聚之安宅，与开发之轨道。此真理之恒自贞定而通达等云云，亦即关于真理自己之真理。心灵当求能自凝聚而自开发等云云，亦即心灵所以为自作主宰的心灵之真理，而通于宇宙人生人文之大原者。吾人若能凝聚吾人之心，以信此真理之真理，与心灵之真理之存在，而于此亲切加以体会，亦即我们要求心灵之开发与凝聚之工夫之第一步中之事也。

但是我们只信得此关于真理之真理与心灵之真理，仍不能使我们对当认识之真理，都能一一加以认识。真理之一一被认识之历程，乃是一与我们之思想与生活同时扩展之历程。此唯系于实际上我们自己的心灵之凝聚与开发的程度，才能定我们对真理世界之认识之深切程度，及广大程度。在此中，人仍常免不掉以自己之意见为真理、以道听途说为真理之错误。而欲减少错误，则在亲师取友。

亲师取友，所以能减少此中之错误，因为师友不是泛泛的他人，而是与我有同一之求真理之志的人。我与人结为师友，即我之求真理之志与师友之求真理之志的凝聚；而此凝聚，即同时可使我们彼此之心灵有更大的开发者。师与友之不同，则在师为见道多于我者，我之精神，便应向之尊敬凝聚；而友则为德业相距不远者，友与我并肩而行，或左或右，其所见不能无异同；而有异同，则更足资开发彼此之智慧。故人欲开发其心灵以求真理，最赖于亲师；欲开发其心灵以求真理，更待于善取友。人能师古今之圣贤大哲，友天下之善士，则心灵之所赖以凝聚者深厚而悠久，而资以开发者亦广大而无疆矣。

一九五五年七月三十一日

第三篇
人生之艰难与哀乐相生

一、人生之寂寞苍茫的氛围

人生的艰难，与人生之原始的芒昧俱始。庄子说"人之生也，与忧俱生"，又说"人之生也，固若是芒乎？其我独芒，而人亦有不芒者乎？"这话中实包涵无穷的慨叹。我们且不要说佛家的无明，基督教之原始罪恶一套大道理。记得我在中学读书时，看见一首诗。第一句是引鲍照"泻水至平地，各自东西南北流"。下面一句是"父母生我时，是并未得我之同意的"。实则世间一切人，一切英雄豪杰、文士哲人，亦同样是未得同意而生。一切人当其初生，同是赤条条的来，同是堕地一声啼。世间的婴儿之环境，千差万别，却无一婴儿曾自己选择他的环境。婴儿或生于富贵之家，或生于贫贱之屋；或生而父母早亡，或生而兄弟成行。真如范缜所谓一树花，任风吹，而或坠茵席之上，或坠粪溷之中。婴儿堕地一声啼，乃由外面的冷风吹他，他不曾相识；其啼，表示其对于此世界之原始的生疏。但是他一被携抱入母怀，便会乐被抚摩，进而知吮吸母乳，张目看世界。此又表示他对此世界有一内在的亲密与先天的熟习。而当其一天一天的长大，即一天一天的增加其对环境之亲密与熟习，而要执取环境中之物为其所有，并同时负荷着其内在之无穷愿欲，在环境中挣扎奋斗；亦必然要承担一切环境与他的愿欲间，所发生之一切冲激、震荡，忍受着由此内在愿欲与外在环境而来之一切压迫、威胁、苦痛、艰难。这是一切个体的人生同无可逃避的命运。一切个体人生，如是如是地负荷了，承担了，忍受了。由青年而壮年、中年、老了、死了。一切人的死，同是孤独的死。世界不与他同往，其他一切的人，亦不与他同往。他死了，日月照常贞明，一年照常有春夏秋冬，其他的人们照常游嬉。人只能各人死各人的。各人只能携带其绝对的孤独，各自走入寂寞的不可知之世界。此之谓一切人由生至死的历程中之根本的芒昧。

对于这种个体人生，由生至死的历程中之根本芒昧，我在此文不想多说什么。生前，我不知自何来；死后，我不知将何往。何以造化或上帝，不得我同意而使我生，亦不必即得我同意而使我死？这是一最深的谜。此在宗教家可以有解答，哲学家亦可以有解答。但是我们同时要知道，此一切解答，一方似销除了此谜，同时亦加深了此谜。而我所信的最高的哲学宗教上之解答，正当是能解答此谜，同时能真正加深地展露此谜于人之前。所以我们亦可暂不求解答，而只纯现象的承认此一事实。此事实就是人生原是生于一无限的芒昧之上。生前之万古与死后之万世之不可知，构成人生周围之一无限的寂寞苍茫之氛围。以此氛围为背景，而后把我们此有限的人生，烘托凸显出来。人生如在雾中行，只有眼前的一片才是看得见的，远望是茫茫大雾。人生如一人到高高山顶立，只能听见自己的呼吸，四围是寂静无声。人生又若黑夜居大海中灯塔内，除此灯光所照的海面外，是无边的黑暗，无边的大海。人生是"无穷的生前死后的不可知，而对我为一无穷的虚无"之上之一点"有"。何以此无穷的虚无之上，出现此一点有？这是人生之谜，这是人生之神秘。诗人常能立于此有之边沿，直面对此神秘而叹惜。宗教家修道者，由此"有"向无穷的虚无远航，而或不知归路，亦无信息回来。而常人则在灯塔中，造一帐幕，把通向黑暗大海的窗关上，而视此神秘与谜若不存在，而暂居住于此灯塔内部之光明中，以只着眼在此一点"有"之上，亦暂可使这些问题都莫有了。而此一点"有"之自身，亦确可展现为一无穷的世界，其中有无数的人生之道路。而我们今天所能讲的，亦只是此一点"有"中之人生之路上的一些艰难。

二、生存之严肃感，与人为乞丐之可能

我所要说的人生之艰难，是要说人生之路，步步难。这难处实是说不尽的。我在十五六年前便曾写一书，初名《人生之路》。后分为《人生之体验》《道德自我之建立》，及《心物与人生》之上卷，分别出版。我当时想人生之所求，不外七项事，

即求生存、求爱情、求名位、求真、求善、求美，与求神圣。到现在，我还可姑如此说。人生实际上总是为这些要求所主宰的。而这些要求之去掉与达到，都毕竟——同有无限的艰难，此艰难总无法根绝。我现在即顺此线索，——加以略说。

前三种要求，是俗情世间最大的动力。因其太平凡，哲学家恒不屑讨论。然而这亦是哲学家的错。实际上这些要求，都有其平凡的一面，亦有其深远的一面。对此二面，有大愿深情的人们，同不应当忽略。

人之求生存，毕竟是人生的第一步的事。而世界上确确实实有无数的人，其一生盘旋的问题，就是如何在世界上生存。人为生存而辛苦劳动，为生存而走遍天涯，谋求职业。当我听见凤阳花鼓词中"奴家莫有儿郎卖，背起花鼓走四方"时，我了解人生无职业的真正艰难，知此中有无限悲哀。世界上百分之九十九的职业，亦都是人互求解决其衣食住等生存问题的职业。人为什么要求生存？这实与上文所说人生之芒昧俱始。我之生，确不是父母、上帝或造化，得我同意而生的。如我之前生曾表同意，我亦记不得。而我生了，我会有继续生存的要求，此要求之何以会出现，这本身亦并非出自我之要求。然而此要求，就如是如是的出现了。人都怕饥饿与寒冷，人有空虚的胃与在冰雪中会战栗的皮肤。都不是我先要求此怕、此胃、此皮肤，而后他们才存在。人生百年中，每日吃了又饿，饿了再吃；破衣换新衣，新衣还要破。如此循环不息，毕竟有何意义？我们说只求食求衣的人生，是衣架饭袋的人生，这人生是可笑的。但是说其可笑，是穿暖了吃饱了以后的话。在人饥寒交迫时，人仍不能不求衣求食。这中间莫或使之，而若或使之。此中有无限的严肃，亦有无限的悲凉。人不能笑。此无限的悲凉之最深处，不只是饥而不得食，寒而不得衣，而是人为什么会饥会寒，会要求生存。此求生存之愿欲，亦是天所赋于我之性。但是我为什么有此性，却非我之自由意志或自觉心所决定。此只是一顽梗的事实。然而我之自由意志与自觉心，则不能不承担此事实。不承担可以吗？可以。如我可自杀，宗教家亦可发愿要断绝求生之意志。但是人在实际上除非逼到山穷水尽，很难安然的自杀，亦很难自动的断绝求生意志。这须大工夫、大修持。然而人不自杀，不断绝此求生意志，人即须承担此不知所自来的求生存之愿欲，照顾此空虚的胃与怕冷的皮肤。人之自杀难，断绝求生意志更难，而求继续生存亦难。此是一切人同有的艰难。

能读我之文章的人，大概是已吃饱了的人。但是世界上确确实实有无数未吃饱的人，为生活之担子所重压；而吃饱了的人，又有其他的求物质生活舒适的欲望。这些欲望，必然掩盖了未吃饱的人所感的此问题之严肃性，亦必然掩盖了对未吃饱的人之同情。这是非常可怕的事。但是我极易说明，此问题之不能掩盖。此问题实永在任何人任何时的眼前。因为我无论如何富有，我今天吃饱，并不能绝对保证明天之必能吃饱。而我之求进一步的物质生活舒适的欲望，亦不能保证其必能逐渐满足。当然，我们可本自己当前的处境来推测，我们之饿饭的可能性极少。或者还有种种征兆与凭借，以多少保证我之物质生活可逐渐舒适，以及财产之逐渐积累。但是一切之保证，永不能成绝对的。而穷饿之可能性，即终不是莫有。如果你真赤贫如洗，以至沦为街头之乞丐时，你怎么办？在文明社会的人，用各种社会救济、保险制度、银行制度、经济政策、国际安全组织，来保护人们的生命财产，其用心可谓至矣。但是这些真能绝对的保证人们的生命财产之不丧失吗？你能保证战争之不消灭人类吗？能保证地震之不震毁世界吗？就是莫有这些，你又能保证你自己之必受到此各种社会救济与制度等之恩泽与利益吗？你的才能、学问、知识，可因你忽然神经错乱，而全忘失；而你之一切地位名誉，亦即被社会上的人忘了。你有什么把柄，到那时不为乞丐？现在，实际上有街头的乞丐，则你即可能沦为街头之乞丐。此可能是你无论用多少力量，都不能根绝的。到为乞丐时，你将知生存问题的严肃。

此问题的严肃性，人常不能真切认识，因为真感此问题的人，他已无暇对此问题作思索，而能思索此问题的人，通常生活在此问题的外面。对此文的读者，我说他可能沦为乞丐，他或想此是不敬；或以为当不至此，此是一极少的可能性，可不在考虑之列；或想到那时再说，现在还是只享受我现在的生活，我亦不须对未来的我之遭遇负责，那是未来的我的事。但是这些想法，同依于人之未能面对真实人生。这些想法，都由于人自龟缩于暂时的安全，而想掩盖人生的真实。因为这些想法，并不能掩盖我们沦为乞丐之恐惧，而且正依于此恐惧，才有这些想法。然而此恐惧之存在，即同时展露此沦为乞丐之可能为一真实的可能。从一切人之恐惧沦为乞丐，而要尽量求保护他的财产，增加他的财产，即证明沦为乞丐的阴影，在一切人之旁，或在一切人心之下蠕动。人总是在向此阴影搏斗，又一手压住它，而不敢正视此阴影。能承担程伊川先生所讲"今日万钟，明日饿死，惟义所在"，是不容易的，能如孟子所讲"不忘在沟壑"的志士，是不容易的。二十多年来，我自己的物质生活，实际上是在中人以上。我总时时在试想，我如只在荒山旷野的三家村，教教几个小小蒙童，食淡衣粗又如何。我想象莫有什么难。而在实际上，仍当远较想象为难。至于我自问：如我真在饥寒交迫，以致我母亲弟妹皆病之际，又如何，则这些煎熬，便在想象中，亦承担不下。从这些地方，便证明了生存问题的严肃，证明人生之路之最简单最粗浅的第一步的艰难。

三、在自然生命之流中与岸上之两面难

"死亡贫苦，人之大恶存焉。饮食男女，人之大欲存焉。"人生之路之第二步的艰难，是男女之爱情。这亦是家家户户中最平常的事。但是这亦有其最深远奥秘而不可测的一面。人之需要爱情与人之要求生存，都是人之天性。而此天性的要求，都同

不是先得我之同意，而赋与于我。人生下地，便带着这些要求来了。它们驱迫人生前进，使人自觉似有满足之的责任。但是人真有必须满足之的责任吗？亦真非满足之不可吗？这亦似不然。因为人可不结婚，或自动的断绝一切绮障。此亦如人之可自杀，皆见人之异于禽兽处。因而世间亦确有不要爱情亦不结婚的人。然而这事分明是艰难的。挨过青年，壮年怎样？挨过壮年，中年老年又怎样？临老入花丛，是可叹息，亦可同情的。这些要求，都从生命之深处涌出，不知自何处来。但它来了，就来了。人由父母男女之合而有生命，则人之生命之根柢，即是男女性。父母还有他的父母，直上去是无穷的父母，即无穷的男女性。我们每一人的生命之结胎，即是无穷的男女性之凝结。是谓天地之乾坤之道合而人出生。然而此乾坤道，才合又分。此凝结成的东西，只能具有其所由凝结成之男性或女性之一，所以人只能或为男或为女。而其为男或为女，则反乎其生命之结胎时，所根之男女性之凝结。生命之根柢为无穷男女性之凝结，而我们每一人又只能为男或女。此中，有我之性别，与我生命之根柢之先天的矛盾。此矛盾自然解消的道路，便是男索女，女索男。男女得其所索，人所生活之现实，与其生命根柢中之无限的男女性，有一遥相照映，人欢喜了。而宇宙之无限的生命之流，亦通过男女之得其所索，与他们自身生命之凝结所成之子孙，一直流下去了。人中除千万人之一二，天生而具神圣的品质，其心灵原与其自然生命有一疏离者外；人如决定不结婚，断绝一切男女关系，他即须与他之男女之欲作战，同时即与他生命根柢之无限的男女性作战，与天地的乾坤之道作战。否则即须与他之为男之性或为女之性作战。人在此，又如要想从无限的自然生命之流中，抽出身来而退居岸上。然而退不到岸上，便只有带着生命之流水，旁行歧出，成绝港枯潢。人此时便又若从自然生命之大树飘落的花果，须另觅国土，自植灵根，否则便只有干枯憔悴。我们不能说断绝男女关系是不应当的，而且我认为这是人生最伟大庄严的事业之一。因为人于此敢与天地乾坤之道作战。此处见人之为一超自然的存在。凡人之自由意志自觉心所能真想的关于他自己的事，皆是应当而亦真实可能的。人能自拔于无限的自然生命之流之外，而退居岸上，或使从自然生命之大树飘落的花果，另觅国土，自植灵根。这不能不说是最伟大庄严的事业。宗教家、大哲人，及乡里中的无知识的人，同有对此人生之绝对贞洁的爱慕。但是这事真要作到家，须把自然生命之流之浩浩狂澜翻到底，直到伏羲画卦前。这当然是艰难的。

顺自然生命之流行的方向走，是比较容易。但是其中亦有无限的艰难。人们都知道失恋离婚的苦恼、男女暧昧关系、情杀及奸淫的罪恶。这些事，我们总是日日有所闻。这些事之所以有，其最深的根据，是每一人皆有与任何异性发生男女关系的可能，亦有失去其关系的可能。这一可能，都是直生根于人之存在之自身，故人之存在之自身，即涵具了此无穷苦恼与罪恶之根。又常言道，世间的怨偶比佳偶多，又据说怨偶之苦，"床第间的悲剧，是人生最大的悲剧"（托尔斯泰语）。这些苦恼、罪恶、悲剧，当我们幸居事外时，我们不求了解，亦不能真了解。而当其不幸居事内时，则只有忍泪承担，亦无法完全说出，使人了解。此中最关心的人，最亲切的同情安慰，亦透不到此中苦恼罪恶悲剧的核心。因为这是与唯一无二之个体生命不可分离的事。这是直接浸润个体生命之全体的苦酒，只有各人自咽自醉。而一切幸居事外的人，亦不过适逢居事外，他并不必能根绝忽居事内的可能。一切爱情之后，皆有失恋之可能。一切结婚之后，皆有离婚之可能。一切佳偶，皆有成怨偶之可能。只是可能性或大或小，但人总很难绝对根绝此可能。诚然一绝对互信之佳偶，赖无限之互信的精神力，可构成一永恒的心之环抱，而将上述之可能完全根绝。但是佳偶，或异地而长别离，或同心同居而不能百年偕老。纵得同心同居，百年偕老，亦很难同年同月同日死。则恩情似海的夫妇，到头来，终当撒手。在"昔日戏言身后事，今朝都到眼前来"时，"同穴窅冥何所望，他生缘会更难期"时，这中间的人生之悲痛寂寞艰难，还是只有人在身当其境，才能真正了解，而独自忍受的。怨偶，人或求离而不得，而佳偶则逝水流年，终有一日要被迫分离。你尽可以"在天愿作比翼鸟，在地愿为连理枝"，但是"天长地久有时尽，此恨绵绵无绝期"，仍是一最后的真实。

四、社会的精神生命之树，及飘零之果，与名位世间

　　人之求名位，与人之求生存，及求男女夫妇之爱，同是一最平凡而又极深奥的事。此可称为人生之路上第三步的艰难。在儿童时期，人所最感兴趣的事，是饮食。在青年时期，是男女爱情。在壮年以后，是名位。但人之好名位，只是人之望人赞美之心的推扩与延长。人之望人赞美之心，则当小孩在知道有他人时，便有了。当小孩喜欢人说他乖，怕看大人之怒目与厌恶之面色时，已是有一求人赞美心之流露了。一切希望名高一代、流芳千古，位居万人上的好名好位之心，不过是此小孩心理之推扩延长。我记得当我十四岁的时候，在中学读书。同学们都穿线袜，但是我父亲要我穿布袜，而我即怕人笑。此怕人笑之念，由何而生，即成了我当时最大的苦恼与疑惑。我当时并不觉线袜舒适，我相信父亲的话，穿布袜更经久。我已知佩服一特立独行的人。我责问我自己，难道对此极小的事，还不能特立独行？我记得一次从家中穿了布袜走到学校，有一点钟的路程。在此一点钟，我全部的思想，都在想人当特立独行的理由，目的就在克服我之穿布袜而怕人笑一念。但是到了学校，全部失败了。这事与我当时之下棋怕输之事，即引起我对此种心理之毕竟由何而来的反省。至少有一二年间，都时有此问题在心中。当时我的答案，其大意同后来所想的在原则上并无分别。即人恒要求人承认我之所为是好的，或要求我之所为为他人承认是好的。这中间见一人与我之

不可分的精神系带。但是我后来同时知道，此中尚有种种复杂的人心问题与价值问题。我之一些意见，已另见于上论人生中之毁誉现象一文中。而我现在特要说的，则是人之"要求他人之承认其所为是好的"之心理，虽亦是出自人之天性，但是此天性之赋于我，仍不是我所先要求，我亦不是必然须服从此天性的。因为在当我是而人非时，我可自觉应当特立独行，而不必顾他人之赞否与毁誉的。顺此下去，我之一切思想行为人格之本身价值，是不受他人之毁誉而增损的。因而一个人之在社会上，是否有名有位，纯为我外在的事。人当行其心之所安，遁世不见知而无悔，这才见我之为我之无上的尊严。这个道理，我后来全了解了。然而真要作到这一步，却又是一人生的极大的艰难。因为真要作到此事，我们必需假想，在世间一切人以至最亲近的人，都骂你、诋毁你、侮辱你、咒诅你的时候，怎么办？在一般的情形之下，总不至一切人都如此待我，即总有些人拿正常的面色对我，或多多少少还有人赞美我，承认我的。但是如在共产党的审判之下，我为千夫所指，儿子清算我，父母妻子朋友亦清算我，这时我试设身处地一想，毕竟怎么办？这就难了。这难处是，在这时一个人的精神，同一切人的精神都分离了，成了一绝对孤独寂寞，而又自觉其绝对孤独寂寞，兼自觉为无数他人精神的压迫下之被舍弃者。独身不婚的人，如从自然生命之树上脱离的果子。如此之被舍弃的人，则是从社会的精神生命之树上，被抛掷而脱离的果子。共产党知此为人生最大的苦痛，故以之虐待他们不喜欢的人。但是我们自己如身当其境，又将如何？这是耶稣被徒弟出卖、被徒弟所不认识，而上十字架前的心境。这是人之精神之失去一切人的精神之滋养，而绝对飘零之时。然而精神之果，必须得滋养。因为精神的周围，不能是只有无限的冷酷与荒漠。这时除了上帝降临说，你是我的爱子，人生毕竟无路可走。人之精神，只有在飘零中死亡。然而人真要特立独行，便必须预备承担此一考验。这事之艰难，是不必多说的。

在我们一般人，可以自勉于使名位之心渐淡，但是在实际上，仍免不掉要多多少少赖他人之赞美，高高低低之社会名位，来滋养其精神。而顺此心以求大名高位，则是一最自然最滑熟的人生道路。然而此滑熟的路，同时亦是一最陡峭的路。其中亦有无限艰难。这艰难，是人所较易知的。

人之所以乐得名位，依十人之欲被人承认为好，为有价值，此即依于人之欲被人认识，亦即欲存在于他人之精神之内。但名位二概念，又有不同。名之大，由于认识之者之多。名之大小，是一数量的概念。位之高低，初则纯是一价值秩序的概念。人依于其内心之某一种价值秩序之格度，遂把能多少实现某一种价值的他人，排列于此秩序之格度之中。于是有的人对我而言，其地位较高，有的较低。此便成纯内在的主观的位之秩序。由许多人之内在主观的位之秩序之客观化，而有公认的社会地位、政治地位、学术地位、人格地位。此是位之第二义。其形成较复杂，今暂不多说。一个人之所以通常都多多少少有其名位，依于总有认识他的人，亦即总有认识他的价值的人，人亦总可比另一些人能多实现某一种之价值。如一群小孩在此，年长的比年小的，气力较大。气力大，亦是一生命的价值，他亦即在小孩群中有一较高之位。而人求大名高位之所以难，则因一人之价值，要为无数的人所认识，并在人之价值秩序之格度中居最高位，是极难的。此一方依于人自己所表现之价值之为有限，亦依于他人之认识力之同为有限。如果人能表现无限之价值，一切人皆有无限的认识力，则一切人皆可同名垂宇宙，一切人之位，皆上与天齐。此而不可能，则无人配得至大之名与至高之位。除了我们在人生之毁誉现象第一节所说，人之毁誉之标准之无定，而人皆可斥责外；即使毁誉标准全定，一切人仍皆是在原则上可斥责的。名愈大而位愈高的人，当其所实现的价值愈彰著于人心之前，其未能实现而人望其实现的价值亦愈彰著于人心之前，因而责望必然愈多。由责望多而斥责随之，是之谓名位之“危”。而人之名乃或扬而或抑，或荣而或辱，人之位或升而复沉，或尊而或卑。又以各人所认为有价值者不同，而一人之价值，亦可根本不为他人所认识。由是而世间永有无数有才而无名，有德而无位的人。有才有德而见知于人，必系于遇合。遇合为偶然而不必，其得之为天恩，而失之不能无怨于天。由是见名位之世间，必然有无穷冤屈。此冤屈或有伸于死后，然其人已不知；而大多数则亘千秋万世而永不伸。再则由人之记忆力有限，人为节省记忆力，而有以一人之名之记忆，代替一群人之名字之记忆之倾向。由是而一群人之工作之价值，或为一人之名之所代表，而被归功于某一人。如在一政府与一社会经济文化团体中之一群人之工作，与其对社会之贡献之价值，恒被归功于其领导者。又人之认识，恒有种种错误，而恒将此人之功，误归诸彼人。此皆使人有无意之盗名。此外又有蓄意之盗名，与贪天功以为己力之事。人如对此数者，有透辟之认识，便知名位之世间，乃一最奇妙而又艰难之世间。芸芸众生之求名求位，既表示人之精神之须存于他人精神中，而欲他人之认识其价值；亦鞭策人之认识他人所求之价值，认识他人所视为有较高价值者为何，而自勉于实现此价值，冀其名之大、位之高；名位心遂亦成使人向上之一动力。然而人所能实现之价值，永不能完全，以副一切人之责望，而名大位尊者必危。又人之能实现某价值者，又不必被认识，以得名而得位；其被认识而得名位也，有偶然之遇合在，亦永有无意或有意被盗之可能在。由此见名位世间，乃一缰绳之世间，乃一浮沉之世间，乃一偶然遇合之世间，亦名实恒相违而相盗之世间。然世人之生也，即生于此中，明知其为如是之世间，而奋力以求自固其名位，微幸于遇合，苟免于被盗，而或冀盗人之名。则人之艰难之感，必愈入此世间，愈有大名高位，而入愈深。然愚者慕之，智者笑之，唯贤者哀之，非圣者其孰能拔之。而吾人则皆愚者也，悲夫。

五、价值世界与人间天路

　　更高的人生，是在俗情世间名位财色之世间之外，看见真善美神圣的世界。这是一永恒普遍纯洁而贞定的世界。这些道理，说来话长。最粗浅的说法是，这世界乃真正人所能共同享有的世界，同时是人可能赖自力以升入的世界。财物我享，则你不能同享时，爱情有独占性，名位则我高而你必低。名位待他人之赋与，爱情与婚姻是双方的事，人之得财富，赖于各种外在的机缘。人之得这些，说好一点，是人之福命。但是这些福，都可与祸相倚。祸之可能，就站在福之后，背靠背，是谓相倚。因福祸相倚，故安而有危。知危而有惧，故安而未尝无不安者存。此中福祸安危，常在波荡中，以呈于人之意识之前。故知"道"者，知此中之福无可恃，安无可居，而自忘其福与安；于祸与危，亦知其无原则上之不可转，而自忘其祸与危。故诸知道者，或处安、或处危、或载福、或载祸，其心乃毕竟平等，其位亦同齐于道。在一切真理美善神圣之价值之体验与实践之前，一切人之心与人之位，亦实为一毕竟平等。我们说，这个价值世界乃真正人所能共同享有，而互不相碍的世界，其自身亦贞常不变。如一个人生的真理，一人了解它是这样；千百人分别了解，它仍是这样。一张佳山水的画，一人看是如此美；千万人分别看它还是如此美。一家有孝子贤孙，亦不碍家家同有孝子贤孙。一人向上帝祈祷，不碍一切人同声祈祷，共沐灵恩。真善美神圣之世间，是一真真实实可为一切人所共同享有而永贞常不变的世间。他们分见于千万人之心，有如月之映万川，而一一皆为满月。他们如耶稣的饼，让人人都能吃饱。又如观音的瓶中之露，滴滴遍洒人间并蒂莲。亦如今日的广播，凡有收音机的地方，都听见声音；若莫有人去听此声音，此声音自在太空中旅行，如天下万川皆干涸，而中宵明月依旧圆。故对于真善美神圣之世界之自身言，千万人知之，它不增；无人知之，它亦不减。它是天荒地老而万古恒贞。而就此世界之表现于人心言，则它似能永远的分化为无尽的多，而仍未尝不一。自人之共同享有此世界言，则不仅每人之享有，不碍他人之享有，而且此世界中的每一东西，每一条被发现的真理，每一被表现的美的境界，每一被实现的善德，每一真呈现的神圣的征兆，都是一人之心通往他人之心的桥梁与道路。这世界中之一切，全是纵横贯通世界人心，使人之心心相照，而交光互映的桥梁与道路。这些事，说神圣深远，其神圣深远，无穷无尽；说平凡，亦平凡。这亦只是眼前我们朝朝暮暮遇见的事实。君不见一次学术讲演，使多少听众聚精会神？一处之名胜山水，引起多少诗人在壁上题诗？一场电影，使多少观众如鸦雀无声的看？谁能不承认，此中有若干心灵由讲演中所启示的真理而交会，由名胜山水与电影而交会？然则谁又能不承认此真与美，是人心与心相交会相接触相贯通之桥梁与道路？这是天桥与天路，同时是眼前的。人之每一报导事实的话，都是说一真理。每一不使人讨厌的表情或事物，都有一种美。每一我所不反对的人之行为中，都有一善。这些东西，朝朝暮暮接于我们之眼前，成为我心与人心间之天桥与天路。而一切人与人之眉目传情，人与人之相互谈话与讨论，人与人间之点头握手，则都是人与人之心心相照，而交光互映。须知凡有人情往来之处，即有人心之往来。凡有人心之往来之处，亦即有心灵之统一，亦即有天心之呈露。而一切人心之往来，即天心之往来升降。这是朝朝暮暮，不待入教堂，不待入庙宇，而时时处处显在我们面前的神圣。在此种最平凡的日常生活中，实际上，人要赞美就有可赞美，要崇敬就有可崇敬，要生悱恻就有悱恻，要生喜悦就有喜悦。随处可使人流泪，亦可使人微笑，随处有孔子所谓"哀乐相生"。然"明目而视之，不可得而见也。倾耳而听之，不可得而闻也"。这是眼前的天桥天路，这是人间的天国，这是洋溢的神圣之遍地流行，这是我欲仁斯仁至矣的当下境界。然而真到此境界又至易而实至难。此至难不在欲仁而仁不至，而在我之可不欲仁；则一切眼前的天桥天路天国，都迢迢地向天边退却了。

六、天路历程与现实世界之裂痕

据我的经验，一些真实的真理、美境、善德与神圣庄严之宗教感情之呈露于我，确实有时觉得这些东西，是从天而降。忽而觉自己之心扉开了，这世界原是如此永恒而坚贞之世界。但是这些经验，都是可遇而不可求。刹那间或一点钟不违仁的境界，我亦有过。于孟子所谓恻隐之心，我亦有一点真实的体证。但是我之此境界，距"日月至焉"还远，更莫说"回也其心三月不违仁"了。而此处之工夫如何用，我觉真是难上难。我自己实际上亦莫有工夫。如有工夫，只在求见理。而此中见理之大难处，则在要说此真美善神圣之世界，全是超越于现实世间，固有语病；说其即在此眼前之世间，亦有语病。此中必须兼超越于现实世界与内在于现实世界之二义，即：不即俗世，亦不离俗世之二义，出世间，而又不舍世间之二义，以得其中道。但此中道又如一无厚之刀锋，一不当心，便落入边见。因而对此中道之真正相应的体验，亦一滑开，便不是。但在此二边见间，人第一步理当落入前一边。即人首须肯定此世界在眼前的现实世间之上，而首先的体验，亦是体验其洋洋乎在现实世间之上。这步作到，则下一步之落下而圆成，便似难而又不难。而此第一步之难，则在人之真见得此世界之为一永恒、普遍、纯洁、贞定之世界而心好之之难。凡人之世俗情识之见之所向，无不与之相反。因而依世俗之情识之见，而生之哲学思想，莫不欲泯没或毁灭此世界之存在。此中人要剥落此情识之见，即须大费工夫。而此情识之见，即已剥落，如未有真工夫，去超化此情识之见所自生之根，则人亦不能安住于此世界。更莫说落下而圆成之一步了。

　　关于真美善神圣之世界，在现实世间之上的证据，并不难找。在世间第一流的哲人、诗人、道德性宗教性人物，同有其亲身经验的叙述。当柏拉图说他望见理念世界的庄严的秩序，当牛顿在晚年自觉为真理的大海边拾蚌壳的小孩时，当耶稣说有天国在上，宋明儒标出一天理流行的境界，及一切诗人、音乐家说"文章本天成，妙手偶得之"，或听见天音时，他们必然同有一不与现实界之万物为侣的心境呈现。在此心境中，视现实界若无物，而上开天门，另呈现一超越的世界。这世界又不真是孤悬外在，而只是从人心深处所现出之万宝楼台。这些事与我们日常生活中，忽而豁然贯通一道理，忽而想好一文章之结构，及忽而有一道德上之觉悟，并无本质上之不同。但是在我们日常生活中，对于这些事，常来不及反省其涵义，我们的心又闭了。于是其再回头来所作的哲学上与心理学上的解释，便都是些情识之见，而不能与之相应，更不能由之以透识大哲人、大诗人、真正之宗教性道德性人物之心灵境界，是怎么一回事。此之谓人之上升至真美善神圣的世界而觉悟之的艰难。

至于真向上以求升到真美善神圣的世界的人，又决不能把其中的境界，一眼望透。此中的开悟，实际上常一时只开悟一方面。万宝楼台一时看不尽。一切真理，皆可隐藏另一真理。一切美的境界之外，还有其他美的境界。善德是无穷的。宗教上的与神圣境界之交通，亦有各种不同的亲密之度。人在此世界中行，直向上看，又总是前路悠悠，随时可觉日暮途远。而此中的甘苦，亦犹如世间人在日常生活中的甘苦，常是无法为外人道的。人把他于此世界之所得者，表露出来，而流落人间，供后人享受，后人崇敬；但在当时，他的精神却常是极端寂寞而不被了解的。所谓"历史上的诗人是诗人，隔壁的诗人则只是一笑话"。可见此世界与现实世间，有永远不能弥补的裂痕与深渊存在。

上所述之裂痕，亦常为真正求真美善等向天路上行的天才人物在生活上之所感受，并表现于其生活之自身。从最深处说，在俗情世间的人，对于这种人之出现于世，恒有一种厌恶与畏怖。因为这种人将世俗之人所居住之俗情世间，另开出一裂口，而将其表面的完满性，加以戳破。这种人常看不起或破坏此俗情世间之原有的真美善之标准。这就使俗情世间的人，厌恶而恐怖，至少加以冷淡的待遇。此即耶稣之所以上十字架，苏格拉底之所以被判死刑，布儒诺之所以被焚，杜甫之所以说李白为"世人皆欲杀"，及无数天才的文学家、艺术家、哲人，所以皆遭当时时代的压迫与忽视。这些人与俗情世间裂开，而俗情世间的人，即要其感受此裂开之苦，使此裂开之苦，为其所感受担负，以为报复。而此正是一人生最难的担负。

其次，一切求真美善神圣的天才人物之本身，在另一方面，亦仍是一有血肉之躯的人。上面的真美善等，是一绝对的普遍者，此血肉之躯则形成为一唯一无二之个体。此唯一无二之个体，以其具自然生命，他亦必须生长于自然世界与俗情世间的特殊环境中。在此特殊的环境中，绝对的贫苦、无侣与孤独，仍是难于忍受的。此特殊的环境，要那个体之上升的精神，下降而牵就现实；而那要一往上升求普遍者的精神，则要此个体自此等特殊的环境中超越，以成就其自身之远游。而其远游，亦尚不能只在普遍者中之生活。它还要寻求其唯一无二之个体之唯一无二之交代处。这就可构成天才人物之内在的精神中，所感受之"个体性""普遍性""特殊性"之三面分裂。人依此分裂而作的事，可不全合于真美善神圣之标准，亦不合世俗之标准，更不合其个人自己之标准，此中有各种复杂的精神之错杂现象产生。在宗教家称为魔障；在心理学家，称为精神变态；在郎布罗梭，则举出无数西方天才的生活，来证明天才与疯狂同根。而今之存在主义者所说之怖栗感、虚无之面对感等，我想均从人精神之种种分裂中生出来。这些深刻的人生之存在性相之体验，更不是一般人所能完全了解的，这亦可不必多说。

七、"我在这里"与学圣贤者之泥泞路

天才人物的道路，首表现为超越俗情世间的精神。这个精神须与自然世界俗情世间裂开。裂不开，其天才不能露出，不能向上面世界远游。既裂开，则须与俗情世间的人作战，而在现实上失败，承担此裂开的罪过与苦恼者，一定是他们自己。他们又须与自己之自然生命之要求及俗情之要求作战。这是随时可胜利，亦随时可失败的。因为此两头的力量，都在一义上是无限。上之天道是无限，下之地道亦无限。而人自己则成天玄地黄血战之地。这种人之最后的抚慰，是在其死后升天时，来自宇宙的真宰。在绝对的悲剧之外，另有一神圣的喜剧。但人看不见，人即

不能无悲。而宇宙真宰之在此世间挽救天才之道，则在其化身为孔子，以示人以圣贤之道，要人之个体在特殊者中见普遍者，于自然世界俗情世间中，见真美善神圣之洋溢流行，立人道以顺引地道，而上承天道。此是一极高明而道中庸，至简至易的圆成天地之教。但是其中亦不是莫有更大的艰难。人生的行程，精神的步履，无论什么地方，总是莫有便宜可贪。此义我们须随处认取。

圣贤之道之所以为圆成之教，在其与自然世界俗情世间协调，因而他对人精神所向之真美善神圣，及自然的生存爱情婚姻之要求，一切世俗伦理与名誉地位之价值，可以全幅加以肯定，而一无遗漏。因而无论在什么处境中，人总有一条向上之路可发见，而不必去逃遁其自然生命在俗情世间中所遭遇之一切。对此一切，依此"道"，人都可加以同意。无论我发现我在哪里，我都可说："是，我在这里。"是，是，是，之一无限的肯定，可把一切天赋于我的，一切现实的，可能的遭遇，都加以承担、负载，而呈现之于我之自觉心与自由意志之前。我之何时生，何时死，生为男或女，生于富贵之家，或贫贱之家，父母兄弟配偶子孙之如何，与一切穷通得失、吉凶祸福、荣辱毁誉等一切遭遇，都是未必经我之同意而后如此如此。其如此如此，都有偶然的因素在，即都有命存焉。然而依此圣贤之道，则此一切的一切，只要呈于我，我即知命，而承认之，全幅加以同意。于是此中无所谓偶然，皆是如其所如，而定然。我们说一切都是偶然，因为我们可不受一切，而拒绝一切。但是我现在不不受，不拒绝一切，则更无偶然。而我之全幅人生所遭遇之自然世界俗情世间，即一律有了交代，有了归宿地。第二步的事，则为本我之自觉心自由意志，面向真美善之世界，直道而行，或使真美善之本性，自我之扉开处，一一流露展现出来，这条人生之路，当然是最广大的而最平实的。

但是此中之问题是，这些话说来易，初行亦易，而行到家最难。因为人在此之所承担负载者，实无限的重。人依此道行，一方处处都是上升的路，另一方亦处处都是使人陷溺的路。因这条道路，是一平铺于自然世界与俗情世间之上的路。人在此，如不是先经历一求超越飞升而与自然世界俗情世间隔离的精神，则此道路，便可会是一使人随处陷溺的泥泞路，人一天行不了几步，人之一切向上精神之表现，也都不免是拖泥带水。而孔子之最恶乡愿，亦正因依孔子所倡之圣贤之道而行，最难免沦于乡愿。

学圣贤之道，所以反易使人陷溺而沦为乡愿之最深刻的原因，尚不是人之自然的食色之欲之满足，恒须顺应世俗；亦不在人之一定要向他人讨好以得美名，这些问题，还比较容易解决。最重要的是在俗情世间的人，对走这条路的人有一期望。对于离尘绝俗的天才人物，一般人对之无所期望。因为一般人知道他要远游。但对走这条路的人，一般人却觉其可亲而可近，其精神亦恒最能衣被人间，温暖世界，人们亦恒期望得其精神上的衣被。然而俗情世间的人之存心与行为，则处处有夹杂与不纯洁之处。因而要求走这条路的人，对其一切夹杂与不纯洁之处，亦恒势须亦加以衣被；于是把走这条路的人之精神，自然拖下，使之亦贴切于污垢。涅而不缁，谈何容易？于是他亦将被污垢所感染。这是这种精神之下坠，而可沦为乡愿之最深刻而最难克服的魔障。

在另一方，则走这条路的儒者之言行，同时最易为一切人所假借貌袭。此理较易懂。天才人物之超越飞升的精神，人不易貌袭。因为能说者必须能作，而离尘绝俗之事不易作。儒者之教，只要人庸言庸行，则人人皆可同其迹，而实不同其心。中国儒家的社会文化中，所以特多伪君子，这决非偶然之事。伪君子并不幸福。因人当成为伪君子时，其精神只是照顾润饰其外面的言行。于是其精神之内核，日益干枯而空掉。内愈空而愈在外面照顾润饰，而其用心亦日苦而日艰。然当真君子因亲近世间的理由，或其他理由，不忍与伪君子破裂，而不免相与周旋时，则真君子亦终将受感染，而多少成伪君子。由是而此整个社会文化中之一切人之精神，即可互相牵挂拉扯，而同归于瘫痪麻木。其病之难医，实更过于天才人物之疯狂。

八、人生路滑与哀乐相生之情怀

对于走孔子所倡的圣贤之路，所生之病痛与艰难，不是绝莫有法子医治与挽救。因知病在即有药在，人可自求而得之。我整个之文章，只是说明人生的行程，人精神的步履，无论到什么地方，都莫有便宜可贪，道高一尺，魔不必高一丈，但亦是高一尺。然而这些话，并不鼓励一般在俗情世间的人，安于他的现在。因为向上走的悠悠前路，固然艰险，但是只停于现在，亦无立足处。读者如真了解前文全部的话，便知人生的行程，是一绝对的滑路。不上升便只有沉沦，而沉沦下去亦处处仍有艰难，直沉下去亦莫有底。至于说任性而动，任运而转，则偏偏倒倒，到处碰见的仍是铁壁铜墙，可使人肝脑俱裂。如果你不信，再试把本文所说，引而申之，触类而长之，试设身处地想想，你纵然安心向下堕落，又在何处立得定脚跟？须知一切艰难，都是人生的荆棘，但人终须赤足走过去。而人亦不到黄河心不甘。黄河在何处？在我们前文所说哀乐相生之处。

此哀乐相生之处之涵义，是人必须知道人生的行程中之病痛与艰难。这些病痛与艰难，不是外在的，而在我之存在之自身。依此便知人生在世莫有可仗恃，莫有可骄矜。当我们真肯定一切病痛与艰难之必然存在时，则人之心灵即把一切病痛与艰难放平了，而一切人亦都在我们之前放平了。放平了的心灵，应当能悲悯他人，亦悲悯他自己。而在人能互相悲悯而相援以手时，或互相赞叹他人之克服艰难的努力，庆贺他人之病痛的逐渐免除时，天门开了，天国现前了。此中处处，都有一人心深处之内在的愉悦——是谓哀乐相生。人真懂得此哀乐相生之智慧时，可于一刹那间，<u>超越</u>一切人生之哀乐，此本身是一人生之大乐。但是由此智慧再回到实际生活时，人仍不能不伤于哀乐。这是一如环的永恒的哀乐相生。人生之归宿处，不能是快乐。因一切快乐使心灵凸出，而一切快乐终是可消逝的。亦不能只是悲哀，因长久的悲哀，是心灵全部凹进，而悲哀是不能长忍的。从内部看人生，他如永远有向上的理想，而永不能在现实上完全达到，这是悲剧。他如只有某有限的理想，而再不能了解体验更高的理想，更是可怜悯的悲剧。而从外部看人生，则他在现实上所达到者既如此少，而他偏要如此夸张他的至高理想。你可笑他，这是喜剧。而他如只有卑下的理想，而竟视之为至高无上。你更可笑他。这更是喜剧。但只视人生为悲剧与喜剧者，还是浅的人生观。须知人生如说是悲剧，则悲剧之泪中，自有愉悦。人生如说是喜剧，则最高的喜剧，笑中带泪。人生在世之最高感情，见于久别重逢而悲喜交集之际；而人生之最后归宿，则为一哀乐相生的情怀。由此情怀之无限的洋溢，我想，将可生出一种智慧，以照彻本文篇首所说人生的生前死后的芒昧。但是这些，可留俟我们大家未来的参悟。

我之此文从整个看，将不免使人有沉重悲凉的感觉，因其本偏重于说人生的艰难。从艰难处再说，我想还有更多的艰难可说。这将更增人之沉重悲凉的感觉。但是世间仍有一道理颠扑不破，即人能知道艰难，人心便能承载艰难。人心能承载艰难，即能克服艰难。只要"昨夜江边春水生"，即"艨艟巨舰一毛轻"。人生一切事，皆无绝对的难易。只要人真正精进自强，一切难皆成易。反之，只要懈怠懒散，则一切易皆成难。这话是我们之永远的安慰，亦足资我们永远的栗惧。

一九五五年十二月八日

第四篇
立志之道及我与世界

一、志之意义

在我少年时，见前辈先生教后辈，总是要人先立志。我在小学中学读书时，作国文，总要作一篇言志。但后来在学校教书，因先读了些现代科学、哲学，及论新教育的文章，却觉得先以立志教人太空疏。教了二十多年书，除了传授知识以外，我只能作到多少以一些人生之智慧或一些作人的道理，启迪学生，但始终未能斩钉截铁的教人，以立志为先。自顾我自己之志，亦实未能坚固。而多年来默察所遇之中国知识分子，无论是青年、中年、老年，无论是未成名或已成名，无论政治家、新闻记者、文学家，或学者、大学教授，无论是受本国教育或兼受外国教育；其志愿真正能光明正大而坚固笃实者，实百不逮一。这是可从人之态度、辞气、文章的意味看出而不可掩的。这样，中国之学术文化、社会事业与国家政治，毕竟莫有前途。由此我才逐渐省察到前辈教人所以必以立志为本之故。

志之古训为心之所之，即心之活动之所往。但立志之志，却非只是今心理学上所谓意志之义，亦非全同于一般所谓理想之义。意志之一名，在心理学上，可说是指实现一特定目的之一贯的行为趋向。故一切有目的之活动，无论善恶，皆可称为意志的活动。心理学上之意志是与价值判断无关的。至一般所谓理想，则是与价值判断相连的。理想常是指一种为心之所对的，关于我自己或人类社会，以至宇宙之未来之一种合理性的观念构造、计划、图案之类。此理想恒为一抽象的普遍者，悬于一认识理想之心之前，而为其所对，并为人希望由自己之力，或与他人合力，加以实现的。如一社会的理想、文化的理想、个人之人生理想之类。至于立志之志，则尚不止于是。我们固可说，立志亦是立一种理想。但此所立之理想，是直接为自己之具体个人立的，不是抽象普遍的；同时不只是立之为心之客观所对，而是立之为：自己之个人之心灵以至人格所要体现，而属于此心灵人格之主体的。此即是要使此理想，真实的经由知以贯注至行，而成为属于自己之实际存在的。故我们与其说，立志是立一个人生理想，不如说立志是使自己之实际的存在成为一理想的实际存在。立志之志，不只是"向"一定的目的，或普遍抽象的社会文化理想、人生理想，而是由当下之我之实际存在，"向"一理想之实际存在，而由前者"之"后者。此之谓心之所之。由此而后志可真成为：转移变化此实际之我，超升扩大此实际之我的力量。此种志之为理想，与一般所谓理想之不同，有甚深甚深之义，不能只在文字思辨上了解便够，必须下一真实的反躬体会的工夫，方能了悟。

我们能了解志之为直接关涉于我之个人的实际存在的，便知志之独特性与不容代替性。一事可由人代作，一般理想可由人代为实现，但志愿则只属于唯一的个人，任何人不能代人立志。立志是绝对的各人立各人的，父子兄弟皆不能相助，而遂志亦是各人遂各人的。通常说继人之志，遂人未遂之志，此是就人所志之内容上说。但就人之志之活动本身说，则人只能自立自遂其志。我如不能自求立志遂志，则我死了，纵有无数之孝子贤孙、学生后辈，与我立同样之志而遂之，我仍将抱憾终古。但此志之活动本身，又是我要使之立就立，要使之遂就遂的。无论我志之内容是否实现，此志之活动本身总是能立能遂而实现的。此即所谓不成功便成仁之实义。

我们如果知道志为关涉于我自己之实际存在者，便知我之为如何之一实际存在的人，即由我之志决定。我之志之状态，即决定我之实际存在之状态。我们通常恒以显为心之所对的、一些在意识浮面的观念理想，为我们之志之所在；又见这些观念理想，并不能决定人之实际存在，遂以为志并无决定人之实际存在之力量；于是不自信其志，而信外在的权威，信外在的神，信时代的风气、流俗的毁誉，信物势的推移。却不知这些观念理想，只是浮于意识表面之物，根本不是志。志乃内在于我之实际存在，而由深心发出者。如汽车之摩托之内在于汽车，船之舵与桨之内在于船。只要车船之构造健全，舵桨之使用，摩托之动转，是断然能决定车船运动之方向，而决定车船运动时之存在状态的。但是取出而放在车船面上的摩托与舵桨，则为无用之物。此即比方浮在一般人心中之观念理想之无用，而人罕知此原非人真志之所存也。

二、志之种类，与志之诚伪，及其转化历程

我们如果了解了一般人之常混淆一般之观念理想与真志，并昧于志之状态，乃连于人之实际存在状态义，便当进而了解：吾人所谓志，不特有种类之不同，亦有真妄、诚伪、纯驳、深浅、强弱等程度性质之不同。种类之不同尚易辨，而程度性质之不同难辨。在不同种类不同性质程度之志中，选择一表面正当者易，真知其何以为正当者难；知其何以正当易，使之成为真志难；使之成为真志易，而去杂驳成纯一，使之深固而坚强难。此中有层层级级工夫在。故立志之事，未易言也。

自种类方面说，人之志可分为公私及不定三类。我们通常说，如果我们之所事所为，是自觉的求个人之名利权力地位之增加，是为私；如果自觉的为社会服务，求国家民族之利益、人们之幸福，谋人类历史文化之发展，或为饶益众生，光荣上帝，去实现客观的真美善之价值，则都是为公。至于为切身之需要所迫，以求个人之最低限度的生存，或顺个人之自然的兴趣去活动，或由人之自然的才能之要求表现，去求一事业之完成；而又

非自觉要专为一己打算，亦非自觉的为公者；则是一在公私之间，而可归向于为私，亦可归向于为公之人生活动。人在其意识的表面，都知道人之志应导向于为公，并知只志在为私是不好的。故我们如要人作一篇言志之文，人通常总是说他是志在为公的。人们对于一切志在为公的人，亦至少有一表面的尊敬心。此见人之当求有公志，乃人之自然的理性自然的良心所同认。人只要依其良心理性之所在，以求其志之所在，并不是很难的，而是当下即可求得的。

然而我们把志之诚伪纯驳一问题加入，不只从人之表面的意识中，所透露之良知理性上看，而从人之意识的底层，或人之实际存在状态去看，这问题就复杂了。人并不必是如他自以为是如此，或向人说是如此，而如此实际存在的。人之公私的目标，是常互相移动，或互相掺杂，而且其分别达到之后，亦可互为手段的。如个人之既得名利，可以成我之为社会谋福利之手段；而我个人为社会谋得了福利，亦可成为我个人得名利之手段——由是人之志之诚伪、纯驳，不仅他人不易看清楚；即我们自己亦常不明白，而随时可轻易的自恕自欺。

但是这个问题，亦有其简单的方面。即我们可暂不从一一存在之个体人本身上看，而专从人生在世，其内在的心灵生活之一般的发展阶段上去看。此约言之，即除了极少天生圣哲或天才外，人如顺自然的道路走，人总是由原始的表面的公志之存在，转变为私志之生起，再转变为以公志之达到，为私志之达到之手段，又转变为以口说的公志，文饰自己之私志，而成假人。人如不用一自觉的修养工夫，人之心灵总是由向上而向下，成一抛物线的历程。任你英雄豪杰、才人学者，都逃不过此必然之命运。而扭转此向下之历程者，则为原始的公志之自觉的求生长，并求把一切私志之达到，转化为公志之达到之凭借，最后求成为真正的言行合一、表里洞达之真人。

三、青年之向上心与其堕落之关键

这种心灵生活的发展历程之所以如此，由于人生在少年青年之第一阶段，其自然生命与精神，总是向上发展的。人之天生的良知理性，在少年青年，是比较在壮年中年老年，自然更清明的。少年青年人，亦是最能直接辨别人之善恶是非，富直接的正义感，并能一往的向慕一理想，而真正佩服崇敬古今人物的。但是这只是自然的生命精神之烛，在燃烧时所放出的自然的光辉。此光辉之能继续放出，由于人来到世间之岁月尚不久，他虽在世界生活，然尚对世界之事物，无真正的占有。在其生活之发展历程中，一切世间事物，皆如只为其自然的生命精神之流所经度、所运用、所消费，而非其所留驻。人无所留驻，则无真正之占有；人无占有，则其生命精神可无真正之陷溺于物之事；其良知理性即能常保持其本有之光明。此即少年青年之所以恒有一自然的向上心也。

但是此种少年青年之自然的向上心，常不能久。其所以不能久是因任何由自然的向上心而生起之理想，无论其最初是如何大公无私，而要其实现于事业，则必须人对世间之事物，能有所占有。因人必须对世间事物有所占有，才能在实际世间有一立脚点，亦才能在事业之成就上有一开始点。物质的东西与货财，是一种可占有的东西。身体的健康强壮，亦是一可占有的东西。名誉权力地位，都是一可占有的东西。人只要一动念，要实现其理想于此客观的世界，人即必然的须要去多多少少占有这些东西，以为其在世间的立脚点、事业的开始点。人由青年而壮年，逐步表现运用其天赋的才智、德性，以获得知识技能及对人之信用以后，人亦必然可多多少少占有一些物质的东西、货财、名誉地位等。然而人在开始对此世间诸事物，觉有所占有之一刹那，即人之生命精神陷溺沉沦于此诸事物的开始。（亦即人转而回头看其所有之才能知识以至德性，而加以把握占有，以生矜持、自恃、倚着、安排等心病之开始。然此诸病较细微，乃宋明理学家所深论，本文姑不说。）对于此所占有者，人必求保存之并扩大之。此保存与扩大之要求，乃随自觉有所占有之一念，直接的自然的引生而出者。此即一私的目标，一私志。自此私志之本原看，最初亦可是依一公志。因人可是为了一公志之实现，而后求有所占有。然此私志既成，则可与最初之公志相对反，而其本身，又要求自然的永远相续下去，此即成为贪财好名好权之意识，而使人之精神向下堕落者。此是一自然的心灵生活之发展之辨证现象。

此处人如无自觉的逆反之工夫，人总是顺滑路，一直走下去。人通常在此，则恒只去自觉自己之最初的公志，以为其一切私志之生起，作自恕自饰，而视此私志无碍于我之公志之存在。实则此时吾人已走入最初之公志之否定阶段。顺自然之路而行，乃只能下堕，而永无上升之望者。由是而人乃渐以公志之达到，为私志之达到之手段，与自欺欺人之具。此即亘古及今，千千万万以上之壮年中年老人，罕能自拔之命运。人类之自古及今之乱原，追根究本，亦在于此。

此上的道理，说来有一点抽象。但这都是我数十年来，在与人生活及自己生活中所省察出来的。这有无数之具体事实作证。我亲眼看见无数青年时的朋友的精神，依着此自然的辩证历程，循一抛物线而下堕，而他们自己不知道。我亦曾多多少少帮助一些有理想的青年，使他对世间之事物，能多多少少有所占有，如一点货财与地位之类；又看见他们在开始有所占有的一刹那，即开始失去其原初的理想。此处，各人根器之厚薄浅深，自然不同。根器厚的，经得起困顿贫贱，亦经得起富足与名位。根器较薄的，则在困顿时，尚能挺起脊梁；稍为得意，便向陷溺沉沦的路去。所谓"贫贱则慑于饥寒，富贵则流为逸乐"，自昔叹为人生之大病。然人纵然根器较厚，如顺其自然的道路走，迟早仍终归于堕落。我由此悟到，人在少年青年时之向上心，纯是自然的恩赐，全不可靠。而此向上心之是否能继续，必须有待于后天的立志的工夫。否则烛烧尽了，总是熄灭的。而人之立志的事，则纯为个人自己的事。此与环境无关，他人亦实在帮不了忙。教育之力，不通过人自己之觉悟，亦全莫有用。对此人之由向上而向下的自然抛物线之存在，我是愈来愈看得清楚了。我亲眼看见周遭的人的命运，都在由它作主，而罕能自觉。悲夫！

四、宗教、艺术、文学，与志之兴发

逆反此自然的命运的道路，首在要人深知，人之原始的德性与聪明才智同不足凭仗。人必须由青年起，便知求有一自觉的工夫，去提挈培养自己的志愿，使之生长。人如已知去提挈培养，则我欲仁斯仁至矣，下面可不再多说。人如尚不知提挈培养，则如何提挈培养，可是一问题。在此我并不相信，只是凌空的教训人"你应该如何如何"有什么用处。而由在上的政治人物去教训人"应当为国家民族人类而立大志"，尤缺乏用处。因此事不能由服从外在的命令而得，而只能由内在的觉悟而得。一切对人之劝导，亦只为启发人之此内在之觉悟而已。

此内在觉悟之启发，究从何处开始？我们可以说，此当自人之超越感之提起开始。人之超越感提不起，人之公的志愿总是不能生长，总是为其所占有之事物所拖下，而陷溺沉沦的。要提起超越感，宗教与伟大之文学与艺术，恒能直接显出效用。人无论在真正信仰上帝而与神求交通时，或信仰佛教而视世界万物如幻如化时，人皆有一对世间一切有限事物之超越感之呈现。在此超越感中，把我们一些卑下自私的志愿超越了，而有一生命精神之内在的开拓升腾，心灵之光辉之自己的生发照耀。此不是如直接由我们之自然生命精神之烛燃烧时发的光辉之类，而是另一超自然的生命精神，与心灵光辉，在开拓升腾或生发照耀。而人无论由壮美之物而生一庄严高卓之感，或由优美之物而生一润泽和融之感，或由见有伟大坚强的志愿者之视死如归，而生悲剧感，或由见人之役于琐屑渺小之目的，而自矜自诩者之可笑，而生喜剧感；皆可使人对其在世间所占有之有限事物，暂时不复黏滞陷溺，或顿恍然若失，奋然思起。

但是除了真正献身于宗教或艺术或文学者外，宗教或艺术文学，对于一般人，至多有一时的兴发其公的志愿感情之力，仍不能真正树立其公的志愿与情感。此中之理由在：宗教艺术文学，只能把人之精神暂时移入一超现实的境界，而不能使人长住于此境界。人在由教堂及剧场出来，或放下一文学作品，回到其日常生活世界之后，其由宗教艺术文学而生之一切感动，亦可立即烟消雾散。由教堂与文艺作品所暂时激发出之公的志愿情感，亦可只成为人在日常生活中所压服的良心理性之暂时发泄，而聊以自慰者。即在真正献身于宗教艺术者，彼对其所献身之宗教、文学、艺术本身，固恒有一无私的志愿感情，但落到现实的宗教事业艺术事业等上，则他们亦可对其所从事之事业，非常固执自私，以与人争名斗胜，而对于整个国家民族或全体人类之公的志愿感情，却常提挈不起。此亦不仅从事宗教艺术事业等者为然，而是一切从事专业的学术经济社会文化之事业者之通病。

五、人与其所有物，及大公之志愿所由立

方才所述之此种病痛的根原在：人无论依何动机去作社会文化事业，此事业一落到现实上，便成一特定的有限的实际存在，并与现实世界中之物质、财货、名位、权力等东西，发生交涉。人在此便仍必需多多少少占有一些现实的东西，才能成就其事业。而人一占有这些东西，其精神即不免于黏滞陷溺于其中，而求保存其所有，扩大其所有。人之精神即当下生出一颠倒，而为此所占有者之所占有。故宗教艺术虽以使人自现实世界超拔解脱为目的，而落在现实的宗教艺术事业上，宗教家、艺术家仍可是一样的俗人。其争利争权争名之事，可并不后人。人如只孤独的过一种灵修生活或艺术生活，而并不想作一客观的宗教艺术之文化事业时，人诚可对世间之一切东西，由货财至名位都不要。这是最高贵的宗教家、艺术家的精神。但这种可贵的精神，只能由对世俗之一往的隔离超越，以反显出。而此种精神，毕竟只能成就个人，而不能成就社会之文化事业与国家民族人类之社会生活的。只有此精神之志愿则是一最高等的私的志愿，然而毕竟不是一大公的志愿。人如何能一方本其公的志愿，在俗世从事特定的社会文化之事业，既要多多少少凭借占有运用一些俗世的东西，而又不为俗世的东西所占有，这才是人生在世上最困难的问题。

人于此有无数的自欺，亦可以欺人，而掩盖此问题之困难。人于此须经历无数的精神上心灵上生活上的漩涡。人生命的船，须得由此撑过去，但随时可令此船身粉碎，而遭没顶之祸。此处是人之诚伪交感之地，上帝与魔鬼交战之区。我想，不自欺地通过一切漩涡，以免没顶之祸的，只有一条道路。即人必须既不舍弃其俗世所有的东西，又把其所有的东西，为一公的正面的志愿而使用。这事是很难的。但是舍此他求，我们将发现，无论在世间占有多少东西，都不能满足我；而全与俗世一往隔离超越，则我们无论到如何高的精神境界，总有一琼楼玉宇高处不胜寒之感；而人既来到世间，如果我不能把我所占有的特定事物，用之于一公的志愿，则这些东西便必将占有我，使我陷溺沉沦。故除了既承担我在世间之所有，而又消费之使用之于一公的志愿，我是无路可走的。

我们每一人之人生，有不同深度的三大迷妄。不破此三大迷妄，人皆不能立一公的正面志愿。

人生之第一迷妄，是以为我于世间无所占有。此是妄说。人都占有了其身体、其身体之一程度的健康、呼吸的空气，及若干使用器物与货财。人只要被一人认识，被一人称许，就有了名；人只要在社会存在，便有一位；人只要能影响其他一个人，就有了一点权力。身体、物质、货财、名位、权力等世间的东西，人总是多多少少具有的。故人在世间，必有所有，此是一绝对必然的真理。不然，则人不能在自然社会存在。故人如自以为他什么都莫有，就是第一大迷妄。

人生之第二迷妄，是人自以为能安于其所有，而满足于其中。人在一时可自矜自满，但此只是一时之事。过此一时，无不自视有所缺。富有四海，贵为天子，名震天下之人，同不能满足。因人尚欲求长生不老、富贵万年、名垂万世。但人纵一切称意，又长生不死，人之永远活下去活不完，仍是不能把人之要求全满足的。而且，人之真永远活下去而活不完，此活不完，亦会成一负担，使人厌倦而觉可怕的。人之不能由其所有之一切，以得完全之满足，乃因人既知其"所有"，此"知"即超越此"所有"，而顺此"知"，即会另求有"所有"。因而"有知之人"，乃绝对不能于其"所知之所有"中，完全满足的。故我之一切称意而长生不老，如成为"我所知的我之所有"，我仍不能于其中得满足，而仍将感厌倦，而另求有所有。此亦是一绝对必然之真理。故谓人能满足于其所有，乃人之第二大迷妄。

人能真见得其绝对不能满足于其任何所有中，即可自证其真自己之为超越自己之一切所有之一存在。由此而人可视其一切所有，为自己以外之物而舍弃之，故人可发出一逃出世间之名利、权力，及不要富贵寿考之意志，以至发出一不需要任何在身体外之物质，以及心灵以外之身体之意志。此是世界一切大宗教家之超世精神之根原。此志愿非不伟大，亦非不能充量表现，而使人成一纯精神之存在，住于一纯精神的境界，这些都是可能的。我亦曾一直向慕此境界，但是后来又知道，以个人达到此最后目标，即可使人满足，仍是一迷妄。因此只是把人在俗世之一切所有舍弃，而尚未能将此俗世之一切所有，与俗世中之他人，皆加以安顿，使之皆得其所。而这些东西不能安顿，则此纯精神的世界外，仍是一片荒芜与混乱。而人能自觉到此，则人已不能只住在此个人之纯精神之世界内，而不能真安顿自己于此纯精神之世界内了。

去此三迷妄所显之真理是：人在世间，既有所有，又不能满足于其所有，又不能一往只弃其所有，以求其个人之超越其所有。因而人生之唯一正路，是一方承担其所有，而一方又消费之使用之于一超个人的大公无私的志愿之前。唯此可以既实现人之超越其俗世所有者之人性，亦使其在俗世所有者，与俗世中所接之他人，皆可在此志愿下，得其安顿。此中有一理论上的必然与定然。你愈思索，愈将见其必然定然而不可移。除此以外，人无正路可走，无路可以成就自己，亦无路可以成就他人与世界。

人须有一大公无私的志愿，但此志愿之内容，却可有各种。无论平天下、治国、创立一家庭、办一学校、开一工厂，以至从事任何一种社会文化事业，或把我自己造成一有用的人才，同可出于一大公无私的动机，而为依于我们之大公无私的志愿而生之事。而此中之公私之辨，只在一点，此乃人之良知理性所共知：即把我之所有，贡献于超越于我以上之他人，或我与他人集合成之团体、国家、民族、人类社会或宇宙、上帝、佛、菩萨、真美善之境界者，即为公；或为了求能有如此之贡献，而求我之所有之保存与扩大者，亦为公。一个人能有一公的志愿，而为此把天所赋与之才力智慧贡献了、表现了、还诸天地了，乃撒手而去，则此人算尽了他的人性，显出了他之为人之最高的风度。此人即生在天堂，死为神明。反之，人只求超越于我者之属于我，成为我之所独有者，即为私；或为达此目标，而表面求对超越于我者有所贡献，以为手段，亦为私。私欲弥天，欲占有世界万物，而我之心，即在欲幽囚万物的地狱中。

六、拔乎流俗之心量

人之良知理性可共知此公私之辨，然而人却终难有真正大公无私之志愿。此乃因我既在世间有所有，则我只求保存我所有、扩大我所有之事，乃顺而易行。在此欲舍弃我所有，如舍离世界的宗教家所为，已难如登山。至于欲负担我所有一切，以求贡献于他人与世间等；则有如负重而登山，再以赠故人。其为最难，思之自知。此中之功夫，当如何用，方能立一大公无私之志，实不易答。但我认为我们对此问题，真要切问而近思，则除在我们自己当前之具体生活中求仁，实亦无处可使人能立此志。一切哲学的思辨、宗教的祈祷、艺术文学的陶养与兴发，及一切政治上的鼓舞宣传，都是间接而较不切实际的，不能使人于此问题有亲切感的。然而所谓于自己当前的具体生活中去求仁，同时亦是最不好说的。因各人当前的具体生活中之情态不同，各人之气质不同，而求仁立志之路道，亦不必同。

照我的意思，人要求仁而立一公的志愿，尚不能直接从爱一切人类，忠于国家民族之抽象理想下手。这些理想，是归宿处的总持之概念。然而人之真正的仁心与志愿，并不必能从此直接发动。说爱一切人，亦不是当下可以实践的。因我们试对周遭之许多人，一一加以检讨，我们便可发现其不都是我须爱的。此或因其并不需要我之爱，或因其太坏，或因其可厌，或因其与我利害冲突，我不易去爱，我们通常只能作到不恨而与之以礼节相接。婆婆妈妈的爱一个一个的人，既爱不完，亦不算大仁大志。即国家民族，最初对于我们，亦只是一笼统名词。人之求仁立志，便都不能在此下手。然则自何处下手？我认为首应从当前具体生活中，求有一拔乎流俗的心量之树立下手。这亦是一超越感之建立。此超越感，并不是直接由对人傲慢、看不起人而生。对人傲慢看不起人，正是心中有人。此时是心中根本忘了他人。亦不是由欲舍离世间而生。此乃是即我自己分位上，自下升起我之心灵生命精神，而冒至我们之营营扰扰的与世周旋之生活之上，而使我之直与天通、虚灵不昧的心灵生命精神之自体直接呈露。此心量或超越感，是无特定内容的。其内容即一上升的超越感与心之高明广大之量。人有此感、有此心量，即能一面上开天门，呈露性德，迎迓天命；一面使此心昭临于流俗世间之上，而对流俗世间之名誉权位，可全不计较。此即人求精神向上初步必需有的修养之道。

我们说人之身体、器物、货财、名位、权力，皆是人在世俗中所有的东西。但这些东西中，在人间世中力量最大而最足斫丧人之志气的，却是人求名位权力之心。因此一者皆依于我被人所认识。然被人认识的我，乃我之外在化于他人之心者。我不能只求我之外在化于他人之心，若然，则终必致我之外在于我自己，此诸义皆曾于第一篇论人生之毁誉中言之。人欲回到他自己，而提升其精神，则必须自超越其世俗之名位权力之营求始。此乃道释基儒诸教之所同。然前三教皆重直接制伏名位权力之欲，而视之为烦恼、罪孽或妄念。如基督教要人不求世间之权力，不求人知，只求天知。释教是要人去除一切我慢我瞋，而以名为五盖之一。道家要人自问"名与身孰亲？"而学圣人之无名，神人之无功。至于儒家则是要人正面的从我这里，自下而上的直接生起一拔乎流俗之超越感与高明广大的心量，唯先求一自信，而不期人之必信己，乃使人自然视流俗世间之名位权力，为无足重轻，然亦可不否认其在流俗世间之工具价值。因拔乎流俗之心量，乃一超越流俗，而亦可涵盖流俗之心量。

七、把我放在世界内看之涵义

人在有拔乎流俗之心量时，即有一自下而上的生命精神之升起与开拓，人于此亦即可自动自觉的以宗教艺术文学中之境界来陶养自己，而不只是被动的接受由宗教艺术文学而来之感动。由此而人亦可长住于一宗教文学艺术之境界。但是人即能长有一拔乎流俗之志，而长住于一宗教艺术文学中之境界，尚未能算切问近思的求仁，以立一涵有客观意义之公的志愿。

此涵有客观意义的公的志愿之立，必俟于此拔乎流俗之心量再超转一步，一方"把我自己放在我的世界中去看"，一方"把我的世界放在我里面去看"，由此以使向上冒起之拔乎流俗的心量，平顺的铺开，而落到实际。

所谓把我放在我的世界中去看，此即在自然世界与人间世界中重确认我的现实存在地位。此存在地位，是指我已所有的，而非待我去营求的。此存在地位，一被确认，即把我重置定于世间，而使我能通过自然与他人来看我。我通过他人与自然来看我，不是由求他人认识我而生之好名位权力之心，或向自然求财富一类之活动，而是我能认识之精神，自动的升向广大高明，以包涵他人与自然后，再来认识我自己之存在于我所认识之他人与自然之世界之内。然而在我认识了我之存在于他人与自然之内时，我同时即重置定了现实的我之有限性，现实的我之体力、聪明、智慧、才力、德性之有限性，及我在自然世界、人间世界之处一特定之地位，如居一特定之时空、有特定的身体构造、有特定人伦关系社会关系、属于一特定之国家、居一特定之历史时代等。此等等合以构成我之特殊性。此我之有限性特殊性之自觉，乃与我之对其他人与自然物之有限性特殊性之自觉同时起来。于是我之此自觉，即同时显其自身，为通于我所知之一切特殊者有限者之一普遍者无限者，而兼照顾关切我自己及我所对之他人等之两方面，要求其活动之相孚相应，以存在、以活动、以各得成就者。此即涵有客观意义的志愿所自生之人心根原所在。由此志愿，而人有一公的事业意志。

我们如果真了解有客观意义之公的志愿之所自生，便知人只本于一原始的向上心、正义感、同情心，而冒出之对社会国家人类之热情的理想，尚只有主观意义而无客观意义。因此时人对于他自己之有限性特殊性、他自己是什么、能作什么，尚莫有真正的自觉。此由于他尚未能通过世界来看他自己。直接依于一宗教艺术文学上之启示而生的，对于世界之较具体的理想，亦常只能引起人之浪漫情调。此理想与情调，恒在其了解世界之现实时破灭。否则恒只转为一破坏性的理想或情调，而想推倒一切。此可帮助革命，然不能成就一任何有建设意义之志愿与事业。此亦因其尚未经历"通过世界来了解自己的阶段"之故。一个人有了一拔乎流俗的高明广大之心量，他可以自觉到：在世界中有具此拔乎流俗的心量之我。然而此心量，是一具超越性涵盖性的心量，其本身是不能真认识我之为世界之现实的存在之有限性与特殊性的，是不知我在世界之实际存在地位，亦不知我在世界之毕竟能作什么的。则直接由此心量，仍不能成就一真实的志业。故人如不由此心量再超转一步，人仍是封锁于一高级的主观世界中。而此超转一步之关键，则在通过世界去看我，把我放在世界之内去看。

八、把世界放在我以内看之意义

我们真要立一客观意义的公的志愿，以成就一公的事业，我们尚须把世界放在我之内看。

所谓把世界放在我之内，即使我与世界合一。但所谓我与世界合一，有许多歧途。第一，把世界之万物与他人，作为我达到私人目的之工具，此亦是把世界放在我之内看之一义。野心家要征服世界，亦是使世界与其自我合一。此只能成就大野心大私欲，决不能成就公的志愿事业。第二，人在徜徉于自然，或欣赏文学艺术时，亦有一物我双忘、心与天游、与造物者游之感。但此通常只是个人之一时的境界，来则来，去则去，而非个人所能真自主的。第三，人在相信泛神论的宗教时，亦可觉万物皆是神的表现，我亦是神的表现，而一时觉万物与我为一。此是艺术的宗教情调。第四，人亦可本于哲学的理论，把我与万物，用一贯原理加以说明。而人在一心观照此一贯原理时，亦可一时如悟大道，而我与万物之别，皆顿时消泯。第五，人在一消极性破坏性的革命热情出现时，亦可觉整个世界皆一齐震动，我与世界万物皆融化于一泛滥的热情之流中，而更无分别。但这些"把世界放在我之内看"或"我与世界之合一"，通通不是能成就一公的志愿事业的。

能成就一公的志愿的"把世界放在我之内看"或"我与世界

之合一"，不是一现成之事实，不是先在的真理，亦不是一傥来之境界，而是一在道德的实践历程中逐渐成就。而人生在世，又永无完满成就之一日的。在此实践历程中，人不是把世界向我这里拉，亦不是以我去拥抱世界；而是我之放开我自己，去迎接世界，或离开我之原来的自己，去承担世界。一切合一，皆是在此迎接与承担处之合一。此所谓迎接承担，乃把除我自己以外，而为我所接触的其他人物本身之独立的生长成就之历程或其向往愿欲要求，迎接下来，承担起来。此即一成己而成物之志。己与物在历程中；成己与成物之志愿与事业，亦永在一历程中。此中有一真正的自强不息之精神在贯注。在此精神中，方有一真正的世界在我之内，或我与世界合一之实感。

此上所说的"把世界放在我之内看"中世界，决非一囊括万物的世界理念，而是直接呈现于有限特殊的我之现实存在前，而充满其他有限特殊的具体人物之世界，与由此世界依一定次序，所能通到的其他具体人物之世界。此世界即我之环境之世界。所谓把世界放在我之内看，即把我之环境真放在我之内看，而把我之环境中之具体的存在事物之生长成就，与由求生长成就而生之一切矛盾冲突及一切问题，放在我之内看。人唯由此，乃能发出真正有客观意义的公的志愿，然后能依此志愿，以作出有客观价值之公的事业。离此而言任何理想、任何志愿，都只有一时开辟心胸之价值，都不免使人陶醉于一主观之世界，而造成一人生之躲闪与逃避，亦都不能使人有真正的物我合一之实感。

所谓把我环境中的世界放在我之内看，并不是难懂的道理。人能否如此，相差只在一念之间。然即此一念之间，即天地悬隔。人依其自然的冲动，与表现才能于外的倾向，人初只是视环境为我之生命精神活动的运动场。但在人之自觉的对世间之物有所占有时，人即把其所占有者，与其余之环境中人物划开分别，而与其余环境中之人物，取一对峙态度。由此态度，更引生出一种欲加以利用控制的态度，而与人争名争权争位。宗教文学艺术及一般哲学的态度，则欲由此对峙中超升。至于我们所说之把世界放在我之内看，则是直接把与我及我所占有之物成对峙者，转化而为不与我成对峙者；同时把我与环境中人物之对峙，及环境中之人物，由相对峙而产生之一切矛盾冲突与问题，都视为我自身之内的问题。而我们之每一求此矛盾冲突与问题之解决的事，即都是一有客观意义客观价值的事。由此即可开出真实的有客观意义的公的志愿与公的事业。

九、逃避与承担，及公的志业所自生起之根原

所谓把环境中之事物与其问题，化为我自身之内的事物与问题，即不把一切环境中事物与其问题，推开而使之外在化，却把它加以内在化之谓。如人住在污秽的地方，此污秽与我之要求清洁，有一矛盾，生一问题，我即必求此问题之解决。如果此污秽是在我之房中，我觉此房属于我，我有能力去此污秽，则我必去

作一能有客观意义的去污秽的事。但如此污秽是在街上的污秽，我无力去此污秽，则我们通常只想离开此街，以求一新环境，而使我们所感之问题，根本不存在。可见我们通常之解决我与环境间之矛盾的问题，有二办法：一是在我力所得而施的时候，则以改造环境的办法，以为解决；二是由逃避环境以为解决。在前者之情形下，我是视环境在我之内；在后者之情形下，却是推环境于我之外。如果我们于此根本不认此环境为可逃避当逃避者，而把此街上的污秽，当作我自身的问题，则我将立即形成一公的志愿，即根本去除此街上之污秽。而人有此志愿，则会求其实现于一公的事业，如一公共清洁公共卫生的事业。我们可以此例，譬喻一切公的志愿的事业之所由生的根原之所在，亦即一切实践性的社会道德意识的根原之所在。

譬如我在家庭中，父母对我不好，或家庭中妇姑勃谿、兄弟阋墙，这亦是我与环境中之人间之一冲突不和的问题。在此我可想出家，或逃出家庭至社会。此便是一种逃避，而未能把我的环境中之人物及其问题，视为在我之内者。如我逃至社会，而在社会作事，又见一社会团体中人之互相倾轧，各社会团体之互相排挤，各社会上之阶级之互相斗争，于是使我讨厌社会。这又是一种逃避。由此逃避，或使我入深山，离群索居，或使我发心当一纯粹的学者。但在我学问有成时，我又可发现一纯洁的学术之可为政治所利用，或商人所利用，于是我又可逃入宗教教会。但我在教会中，仍可发见种种黑暗。我便只有逃出教会，而或到深山中去过一个人的神秘主义之生活。然而此生活之孤独，及人与鸟兽不可同群之感，又或使我再想逃避孤独，回到人间。在此种逃避历程中，人乃永不能有一公的志愿之确立，与公的事业之成就者。然而人如能反此，而把此上所说之某一时所感之问题，承担起来，把引起我之问题之环境中之人物与我之冲突矛盾，都视如我自身以内之冲突矛盾，而依良知理性，以求其原则性的对自己及他人作有效之解决，则我们立刻随处发现涵有客观意义之公的志愿之涌出，与公的社会事业之当作。因在此不逃避的态度下，则我所接之环境、我之家庭、我所在之社会人群国家，都在我的世界中，即都在我之自己之心中。其中有一矛盾冲突的问题未解决，即我之自己之心中有一分裂，有一痛苦，我不能逃出我自己之分裂与痛苦，而必求融和此分裂与痛苦；我即不能逃出我的世界，亦不能不求我的世界中一切矛盾冲突的问题之解决，而使我去抱一公的志愿，去从事一公的事业。故人在知道其无论如何逃避，终无地可真正藏身而自安之后，人唯一的正当态度，便是把自己所接之环境中之一切人物与其问题，视如在我自己之内，而全部承担起来，同时承担此中之一切分裂与痛苦。由我们对于所承担之每一分裂与痛苦，要求一原则性的，对于我与他人同有效之解决法，即开出一公的志愿、公的事业之路。为求一公的志愿之树立，公的事业之成就，人自然可以暂时离开其所在环境，或暂隐居以求其志。但是那只是以逃避为一承担之准备，其最后仍将再来求其所感之问题之真实的解决，而行义以达其道。此不能作逃避论。

我们不能说，人生能不感分裂与痛苦。人有一欲望、一目的活动，即可与环境中之人物分裂而冲突，而此中必然有痛苦，故人生与痛苦相俱。但是人之最大的迷妄，即在常忘却其所感之分裂与痛苦，而求一逃避躲闪之所，然又终不能得，于是悠悠忽忽，过此一生。反之，人能自觉其所感之分裂与痛苦所在，而求一原则性的对人我皆有效之解决法，则人之无限的公的志愿与事业，都可分别在不同人的身上生长起来。人能自觉其病的痛苦，人即生出学医的志愿，去求开出医药卫生的公共事业。人能自觉其愚昧的痛苦，人即生出求知识的志愿，去求开出学术教育的事业。人能自觉家庭的痛苦，人即生出为孝子贤孙以身作则之志愿，去求开出维持家庭道德之教化之事业。人能自觉人与我权利之争的痛苦，人即生出一求人间之权利之分配接近公平的志愿，而开去从事建立礼制法制之事业。人能自觉暴君与极权政治之痛苦，人即生出促进政治民主之志愿，开出求建立民主自由之政治之事业。而我们中国人，今能自觉到视人如物的极权政治之痛苦，中国的分裂之痛苦，中西文化之冲突而相毁的痛苦，我们即当视人如人，而作由极权政治中谋解脱，以统一中国及融通中西文化之事业。总之，凡我们感有一分裂一痛苦之所在，皆是一公的志愿、公的事业之生发开始的根原之所在。无论我们之痛苦，是专为自己而痛苦，或兼为他人而痛苦，其原则性的解决法，如是公的，皆可引发生出一公的志愿、公的事业心之兴起。我们之痛苦，有各方面的，其对我个人之强度，亦有各程度的不同。我们之解决此类痛苦之能力，亦各不相同。由是而各人之公的志愿，可各不相同；各人所最乐于从事，并有能力从事之公共事业，亦各不相同。然而人决不会莫有痛苦，亦决不会一无能力，因而决不会不能有一公的志愿，亦决不会莫有任何能力，去参加任何公的事业。由此而任何人皆当求有一公的志愿，并参加一公的事业。虽然人之痛苦之种类，与能力之种类、公的志愿之种类，无人能得而尽论之；然而对于人之如何立志，其下手处，我们却可有一原则性的答案，即："自觉你一生之真正的痛苦之所在，而思其对于自己与他人同有效之原则性的解决，而尽己之力，与人共求此解决，则你将发生一公的志愿，并寻得你所当从事或参加之公的事业。"

自觉你之真实的痛苦，是诸葛亮教子弟书所谓使庶几之志"恻然有所感"，是宋儒所谓知痛痒。生发出一公的志愿，是诸葛亮所谓"揭然有所存"，是宋儒所谓公而以仁体之。除此以外，人可以有自然的情欲，有私欲，有才能的表现，有知识的获得，以至有深远的识见，有超妙的意境，有虔诚的信仰，有神秘的证悟，以至有一广大的胸襟、高卓的气概，但是尚不足以言有真正的志愿。而只有人在其有一真正的志愿，以主宰其实际存在时，人才真成为一顶天立地，通贯内外人己的真实人格；亦才成为一能开创文化，成就客观的社会事业的人格。此之谓真正明体达用的人。

一九五六年七月十九日

第五篇
死生之说与幽明之际

一、引言

最近为丁文渊月波先生之逝世，曾二次到香港之殡仪馆，重使我想到三十多年来，一直关心的人之生死问题，与一些十多年前已决定的见解，今借兹一说。

我与丁先生，数年来虽时常接触交往，但了解不深。关于他之学问人品，另有他人作文详述纪念，不在本文之列。我只知道他与其兄丁文江、在君先生，数十年来是努力提倡西方科学于中国的人。丁在君先生因只相信西方医药，曾说宁死亦不请教中国医生。丁月波先生于前年，闻台湾有研究中国医学的学校之设，亦即立刻作文，大加反对。对于在君先生之宁死不服中药，是假定中药有效，亦绝不服用。此并不合于科学家的重实效的精神。而丁月波先生一定不许设研究中国医学之学校，我亦并不知其在科学上之必然的理由在哪里。记得读了他那一文后，亦尝窃窃不以为然。但是此次见月波先生之遗嘱中，说要将其遗体送香港大学医学院，交学生解剖，我却不禁肃然起敬。连对于在君先生之一生反对玄学，而临死亦不服中药之精神，亦为之肃然起敬。因这可见他们之提倡西方科学，有一死生以之的精神。然而此精神本身却不是科学的，而是对科学抱一宗教性信仰的道德精神。而月波先生之遗嘱，要将其遗体送交医学院供学生剖解，更明显是望有助于人类医学研究之进步，以造福后人，其道德精神更令人肃然起敬。于起敬之余，我不能不想到：毕竟他这一番道德精神，如今到哪里去了？

但是我这问题，在丁先生生前，是莫有法子向他问的。他根本莫有此问题。他学医的目的，只是要延长人类的生命之存在，而不是要保存他死后的精神之存在。他或正因想到人死后其生命及精神即不存在，然后才要学医，以求延长人之生命及精神的存在。而他纯以自然科学的眼光，来看世界，我可断定：他在生前，并不相信他死后之精神还存在，而到另一地方去的。然而在我对其精神肃然起敬之余，我却不禁想到此一问题。然而丁先生却不能答复我了。真正细想下去，此中实可使人对一切人之生死问题，生无尽的惶惑，而感无尽的悲哀。

二、人死问题与人之"生"之意义

人死了，究竟其精神是否即莫有？如有，到何处去？此是古往今来，无论野蛮民族文明民族，无论智、愚、贤、不肖，同有之一疑问。此疑问，不只是理智的，兼是情感的，不能只向现实世界求解答，且当向超现实世界求解答。这是人类一切宗教的一根源所在，是无数的文学、建筑、音乐等艺术作品之所由产生，亦是诱导人作形而上的思索之最大的动力。人生只有百年，而生前与死后，则是无限的长远。以有生之年与已死之年相较，直是一与无限之比。则何怪无数的人之情感与思想，由此起来。

但是这问题，要纯自思想理论上求解答，却有无数的可能的答案。每一答案，都可有各色各样的驳论。因死后之世界，如一黑暗中之无涯的大海。人在此大海边，可以其心灵之光，向任何方向照射，去作自由的想象，或以理智的思虑加以推测，都可如有所见。此黑暗之大海，原不拒绝人作何种之想象与思虑的推测。于是当作一思想理论的问题来看，此问题便可人各一说。然而人亦似永不能有一绝对的标准，以证验他人所想象与推测者之是非。因而纯从知识的立场，我们对此问题，最稳妥的办法，是自认无知，肯定死后世界是一不可知，或于此存疑，或只是静待此不可知之世界送来的消息。此在宗教上称为启示，而人之对此启示之态度，则为信仰，或不信。消息自己来，人之信与不信，亦人自己信或不信。此消息不强迫人信，亦不同时带来能使不信者必信的证据。人亦常无从知道这一些消息是真消息或伪造。由是而人仍可对此消息存疑或不信。

但是我们在把由自由的想象思虑推测，及由启示来的信仰之门，一齐关闭，以求解决此问题的时候，我们却可说，人对于人生之真了解，与对死者之真情实感，却展露出一条由生之世界通到死之世界、由现实世界通到超现实世界、由生的光明通到死之黑暗的大路。此之谓通幽明的大路。

依此对人生之真了解，我们是不能说，人死后即一无复余的。因除了唯物论，莫有人类之任何思想能证明，人之身体之停止呼吸与肉骨朽坏后，人之精神即一无复余。但是唯物论是绝对错误的。其所以是绝对错误，是由人在生前，已在其生活中先已处处加以证明。此证明是：人在生前，即从来不曾成为一只顾念、要求其自己身体的存在之人。人一直向往着、思维着在其自己身体之外之上之种种物事。人在生前，人之精神实早已时时处处超越过其自己身体存在之问题去用心。即就丁先生之例来说，他在生前，已将其遗嘱写好，要人们在他死后，把他之遗体送给医学院学生研究了。他在生前的心思与精神，已想到其死后之遗体的安排，与其遗体之将被解剖而不存在。他写遗嘱时的心思与精神，乃是一要奉献其身体于人类社会之学术文化的心思与精神。此心思与精神，即是已超出其生前的身体的心思与精神了。

对于我们此说，有一最坏而最可怜的驳论，就是：如果莫有丁先生生前的身体，谁能写遗嘱？这是依于人之唯物论思想而发出之最坏亦最可怜的驳论。其所以是最坏最可怜，是由于其对于人之心思与精神，全不知自其本身与其本身之所向往者着想，只是翻到此心思精神之背后看。当然，丁先生如果无生前之身体，不能写遗嘱。我们还可以说，如果他无笔砚之物，亦不能写遗嘱。但是我们要知道，写遗嘱是要费精神，同时要费身体的力量的。此所费之身体力量，无论如何的少，都是使丁先生提早一分一秒的时间死亡。如果人只是一求自己身体之存在之动物，则多生存一分钟的时间，亦将好一分，多生存一秒钟的时间，亦即好一秒。谁使他愿意少活一分一秒的时间，来写遗嘱？这只能是他之写遗嘱的意志与精神。他之写遗嘱的意志与精神，乃是要在遗嘱中表达其奉献遗体，以供后人研究，以促进学术文化之意志与精神。他当然不会要求多活此一分一秒之时间。然而他之为写遗嘱，而少活一分一秒之时间，则断然的证明：其意志与精神之本性与其所向，是超越其求延续其身体的生存时间的欲望之上。此意志与精神，于此乃表现为：一与此欲望背向而驰的愿望。此愿望正由其求身体生存之延续的欲望之超越与否定而成就；如何可说此愿望中所表现之精神，只隶属于他之生存的身体？如果丁先生在生前的愿望中之精神，已超越于其生存的身体，则其身体之不存在，如何能成为其精神之不存在的证明？然而反之，我们却可由他之写遗嘱，就是要归于使其身体少活一分一秒之时间，以早归不存在，而由遗嘱以表现其顾念人类之学术文化的精神，以见他在生前之精神，早已超乎他个人身体之存亡与生死之问题之上了。在生前已超乎生死之上的精神，是断然不能有死的。

这一种人在生前即有的超乎其个人身体之存亡与生死以上的精神，不仅丁先生才有，其实是一切人在任何时都同样能有的。

人在生前，要求其身体的存在，是一事实。但人之所以要身体存在，是为的人要生活，然而人不只生活在身体中，而通常是生活在身体之外之自然世界、家庭国家之人群世界、历史文化之世界中。在此生活中，人之精神是处处向着在其自己的身体之上之外的物事，而不是只向着其自己的身体的。有些年轻的小姐出门与戏子上舞台，要化妆半天，亦不是只想她的身体。她想的是在他人心中留下好的印象。人除在病中，或其生活之行为受了阻碍，如走路跌了交，人之精神实从未真想着或向着其身体的。而人之所以怕病、怕身体不健康、怕受伤、怕身体失去自由而进监狱，只是为成就我们之生活。在生活中，我们之精神，只向着园中的花、天上的云彩、街道的清洁、剧场中的戏、我之事业的成就、我在他人心中之名位的增高、我家庭中子女之教育、夫妇的和睦、朋友的交游，与我国家之富强、人类的和平康乐、历史文化的发展与悠久，以及各种真善美的价值，与古往今来的人物及天上的神灵。即使是医生，他亦只是向着病人的身体，而不是只向着他自己的身体。我们之精神，通常只向着我们之身体以外的东西，而后成就我们的生活，而后我们希望我们之身体存在。我们从来不曾为身体存在而求身体存在。我们只是凭借身体之存在，以成就我们之生活，与我们之精神之活动。然而我们多活一天，我们之依于物质的身体之自然生命的力量，即多用一分。每一种生活之成就，都依于物质身体中之能力之耗费，即自然生命力之耗费。每一耗费，即使我们更进一步迫近死亡。我们一天一天的生，即一天一天的迫近死亡。这是一平凡的真理，然人为什么并不觉得？为什么世间很少人终日在此想到死、担忧死？此有一简单的答覆，即人并不只生活于其身体之存在本身，而主要是生活在其身体之外之上的世界中。人之精神只要一直注意在此身体以外以上之世界，其身体之存在之日迫近死亡，便可不是他的问题。而且他正须向死迫近，不断耗费物质身体之能力与其自然生命力，然后才能成就其生活与精神之活动。人的生活与精神之活动之成就，即成就在此物质身体之能力与自然生命力之不断耗费，以归于死亡而不存在之上。我们可以说，人的生活与精神活动之逐渐成就，而由不存在走向存在，即依于人的身体与自然生命，由存在以走向不存在之上。此二者是一切人生所同时具备，而方向相反，并相依并进之二种存在动向。在此二存在动向中，人以其身体之走向不存在，成就其生活与精神活动之走向存在。是即人之生活与精神活动，由人之不断去迎接"其身体之不存在"以存在之直接的证明。亦即人之有生之日，皆生于死之上之直接的证明。生于死之上的生，乃以最后之死，成就其一段最大之生，亦成就其生活与精神活动之最大存在。故死非人生之消灭，而只是人生之暂终。"终"只是一线之线头，用以凸显整个线段之存在者。而人在有生之日，所以能只想其如何生活，如何运用其精神，而不想到死，正因此人之原生于死之上。至于人之精神本无死，何以又会想到死而怕死，则此亦惟因人之欲留此身体，以更成就其生活与精神活动，如前文所说。非精神真有死之谓也。此中之智慧，惟赖每一人之自思其所以生及如何生，以细心领取。人不能知生，即不能知死。故孔子说"未知生，焉知死"。

三、死者与后死者之相互关系，及幽明之彻通

然人生最大之问题，尚不在其自己之死。人在有生之日，其生即生于死之上，以其身体之向死，成就其生活与精神活动之向生；则人自己之死之问题，皆可不须解决而早已解决。至人毕竟应否不思其自己之死，如何真能不怕其自己之死，则是另一问题，非今之所及。（本书第六篇第五节于此有所论）然人对他人之死，则最不能无惑。家人亲友，一朝化往，躯体犹存，音容宛在，而神灵已渺。谓此躯体之所在，即其精神之所在耶？然宛在之音容，不可得而再见矣；此音容中所表之深情厚意，不可得而再接矣。谓此音容与深情厚意，即一逝而不存耶？则奈何此音容犹宛在，此深情厚意，感刻于吾心者，可历久而不忘也？然如其精神之尚在于躯体之外也，则后死者又将何往而求之？上天下地，索之茫茫，求之冥冥，虽千百万年而终不能得也！此处即动人之大悲哀，亦动人之大惶惑。果他人之死，动我之大哀大惑如是；则我之死也，其动后我而死者之大哀与大惑，亦如是。而人生代代，所动于后代之人之大哀大惑，亦皆如是。则无数代之人生，亦无数代之大哀大惑之留传不断而已。而吾今日之思及此无

108

数代之大哀大惑之留传，则又将更动吾今日之无限之大哀大惑，而不能自已也。然则人之生也，果若是芒乎？而亦有不芒者乎？

在此处吾人不能不佩服世界宗教家，对死者之祷辞，与加以超渡之圣礼、作哀悼之挽歌，与修坟墓庙宇之建筑师之用心，实代表人类精神之至崇高庄严伟大神圣之一面，盖其志皆在求破此人生之惑，以寄此人生之大哀，以彻通此幽明之际也。

然此幽明之际，将何由而证其必实可彻通？人何由确知他人之精神之尚在，且可存在于后死者之心灵精神之前？则此非世间之一切思虑推测与想象之所及，而仍唯有由自人之所以生此大哀大惑中之深情厚意中领取。

此所领取者，即吾可以吾之超出吾个人之生之深情厚意，以与死者之超出其个人之生之深情厚意，直接相感。此即可实彻通幽明之际矣。

何谓人超越个人之生之深情厚意？此非一般人之生活中之精神活动皆足以当之。而要必人精神之活动，确为一超个人之目的理想而有，并对具体之其他个人之精神，尝致其期望、顾念、祈盼等求感通之诚者，方足以当之。然而此亦一切人在一刹那之间都可有的。

一个在弥留之际的家中之老人，对儿女指点家中的事；一个战场上伤重将亡的兵士，对同伴呼唤快逃；一个革命党人在病榻中，策划其死后的革命工作；一个社会之任何事业之创办人，在临危之际，对其继承者之分付嘱托；以及一切杀身成仁，舍生取义的志士仁人之寄望于来者：此通通是人之精神活动，确为一超个人之目的理想而存在，并对其他个人之精神，致其期望、顾念、祈盼之诚，而表现于死生之际者。此处人明知其将死，已走到其现实生命之存在的边缘，于是其平生之志愿，遂全幅凸出冒起，以表现为一超出其个人之生的，对他人之期望、顾念、祈盼之诚。此期望、顾念、祈盼之诚，直溢出于其个人之现实生命之上之外，以寄托于后死者。此即如其精神之步履，行至悬崖，而下临百仞深渊之际，蓦然一跃，以搭上另一人行之大道，而直下通至后死者之精神之中。而当后死者之感到其期望、顾念、祈盼之诚中此精神之存在时，则虽铁石心肠，皆不能无感动。由此感动，后死者乃真实接触了、了解了死者之精神与死者之深情厚意。而此感动，则代表后死者本身对于先死者之一深情厚意。于此，死者之精神，是如由其自身超越，以一跃而存在于他人之精神中；而后死者之受其感动，则是后死者自身之精神，自超越其平日之所为所思，而直下以死者之精神为其精神。前者是死者之精神，走向生者而来，后者是生者之精神，走向死者而往。死者知其将死，即知其精神之将由明以入于幽，对人为不存在。而其对生者所致之期望、顾念、祈盼之诚，则使其立即离于幽而入于明，而不安于其将对人之不存在之表现。至生者之受其感动，则为生者之出于明而入于幽，以感受死者之精神，以实见死者之精神，未尝不洋洋乎如在其上，如在其左右，而存于明。知此可以通幽明之际，知死生之说。而所以通幽明知生死之道，则莫大乎祭祀之礼乐。礼乐亡而幽明之道隔，死生之路断，形上形下之交、天人之际，乃未有能一之者，而人道亦几乎穷矣。

四、鬼神之状与情

世俗之为学者曰：死者不可知。遂任死生路断，幽明道隔，而聊欣乐于人生之所遇，宗教哲学家、形上学家之措思于此者，恒谓死者之灵魂自存于形上之世界，或上帝之怀，或住炼狱以待耶稣之再来，或由轮回以化为他生。是皆各可持之有故，言之成理。然其为是为非，皆非吾今所欲论。吾亦尝对此措思，而亦不反对人之对此之措思。然吾今所欲论者，即凡人之只作此类之措思者，皆一往以知求不可知，而化鬼神之状，为知识之对象，以成被知；终将不免陷吾人之明知，以入幽冥而不返；此非所以敬鬼神而成人生之大道也。凡为此类之说者，皆不知凡只为知识之对象者，皆在能知之心之下，无一能成为我们之所敬；而人之念死者之遗志，与未了之愿而受感动者，皆觉死者之精神，如在其上，如在左右，以感动我，我乃初为被动。必俟我受感动后，而再致我之诚敬于死者，我乃为主动。故我必先觉死者之如出于幽以入于明，而后乃有我之明之入于幽，以为回应，而成其互相之感格。此非视鬼神为被知之对象，陷吾人之明知以入幽冥而不返之说也。故鬼神之状，非吾今所欲论者也。

鬼神之状，固非吾今所论。然吾人如真识得人生乃以其身体之渐趋于不存在，以成其生活与精神之存在，又知人之将死者恒致其顾念祈盼之诚，而有寄望于生者之深情厚意，吾人又能以吾之深情厚意与诚敬之心，及祭祀之礼乐，以与相接；则人死之后，非一无复余，人之鬼神为必有，人皆可内证而自明。世间焉有本以身体之趋于不存在，以成其为存在之"精神"，本不限于其现实生命之存在之"精神"，乃随其身体与现实生命之不呈于人前，而即不存在乎？知其存在，而欲使之呈于人前，则唯赖人之通幽明以其道。不得其道，而谓其不存在，亦如囚于监狱中之人，不得其门而出，遂谓广宇悠宙皆不存在之类耳。然此道亦无他，即直下断绝一切世俗之思虑推测与想象，唯以吾之超越吾个人之诚敬之心与深情厚意，以与死者之精神直求相接而已。心诚求之，诚则灵矣。

今鬼神之状，非吾所欲论。然鬼神之情，则我果以情与之相遇，则可得而言。人之鬼神，"人"之鬼神也。人于生前之所念者，乃其家庭、其乡土、其国家、其所生活之此自然世界、社会人文世界。彼以此而生，而死，而寄望于后死者。则谓其一死化为鬼神，即奔另一不可知之世界，以绝此尘世而不返，而对此世界，一无余情；则我果有情，实未之敢信。吾意人死后不断灭，而由轮回以转他生，皆理所可有。然此所转之他生，亦不过其精神自体之另一表现，其有此另一表现，仍不能忘其在此尘世之此表现，即不能绝此尘世而无余情。果其非绝此尘世而无余情也，此余情必仍顾念此世间及其家，及其乡土，及其国家，及其所尝寄望之一切世间人。吾何以知其然也？吾非以其死与鬼神之状，而知其然也。吾以其生时之情，而知其然也。彼临终谆谆教子之父母，临危而殷殷付托之志士仁人，其对世间之深情厚意，即依于其预知其将死而发，以洋溢于其死之外，以顾念人间，吾是以知其死后而尚在，其情之必继之而洋溢，以顾念人间也。是以祖宗父母之亡，其情必长顾念其子孙；德泽乡土者，其情必长顾念乡土；忠臣烈士、志士仁人为国家人类，而以身殉道者，其情即长顾念此国家、此人类。凡人之情，其生前之所顾念者大，其为情也深，则其为鬼神也，其情之所顾念者亦大，其为情也亦深。故一家之慈父慈母，其情或只限于一家。一乡之善士，其情或只限于一乡。而文天祥、史可法，即其情长在中华。孔子、释迦、耶稣，则情在天下万世。而其鬼神之为德也亦然。故孝子贤孙，以其诚敬，祭其祖宗，则其祖宗之鬼神之情得其寄；一乡之人，以其诚敬，祭其乡贤，则乡贤之鬼神之情得其寄；一国之人，以其诚敬，祭其忠臣烈士，则忠臣烈士之鬼神之情得其寄；天下之人，以其诚敬，祭仁心悲愿及千万世之圣贤，则圣贤之鬼神之情得其寄。而凡一家之人、一乡之人、一国之人、天下之人，一切足以直接间接上应合于死者生前之所愿望者，亦皆足以成死者之志，而遂死者之情，足以慰其在天之灵。是皆非徒文学上渲染及姑为之说之辞，实皆为彻通幽明死生之道路之实理与实事，而为吾人之直下依吾之性，顺吾之情之所知，而可深信不疑者也。

五、心之直接相感与古今旦暮

世俗之为说者曰，今昔异世，人我异心，古人往矣，来者方来。史可法在明，文天祥在宋，孔子生于二千五百年前。吾之祖宗之遥远者，亦距吾之生，不知若干世矣。彼等相貌之何若，吾且不知，彼等又何能知千秋万世之后，有如我者之体其遗志，而上慰其在天之灵者？曰，是不然。人之相知，贵相知心。人之相感，贵以心相感。吾人可试思，今有人焉，苦心孤诣，成书一卷，印布人间，举世无知；乃遁世居乡，悠然独处。忽得电报传书，谓有万里之外，一读者遥寄仰慕之忱，于是欣然兴感。吾人试思，吾果身当此际，于此读者之一切，果何所知？此实一无所知。吾所知者，唯在万里之外，有此一心与吾相印而已。今又有人焉，老病垂死，有子在他乡，而无膝下孙。忽来信告生孙，遂扶病而起，竟忘其老。吾人又可问，在此老病垂死之人，于其孙之状又何所知？此所知亦只他乡有此一孙而已。吾人再思，晨起阅报，忽闻中华大旱，死者千万人，吾必怵然以忧。然吾于此千万人，又果何所知，吾所知者唯死者皆吾同胞而已。是见人心之所通与所感，本不限于一一皆知其为谁为谁。只知其为人焉，人而有心焉，斯已可为吾之一心之所顾念，而为吾之一心所感所通者矣。故吾之不见古人，古人之不见我，无伤也。我之不见古人，而我之体古人之遗志，而求有以遂之，则我为读者，而驰书万里，以慰上述之举世无知之著者之类也。古人不见我，而我向之致其怀念与诚敬，即足以慰其在天之灵者，则古人为著者，得万里外之知音而兴感之类也。知万里之非遥，则知千秋万世之非远。千载而一遇，犹旦暮遇之也。试思今又有人焉，儿时尝欲登隔江之高山，朝思暮想，阻于父命，竟不得往。及长，遨游世界，身历异地，乘飞机重返家园，不意飞机误降于高山之上，乃安然无恙。于是顿忆数十年前儿时之渴望，而此一久已埋藏心底之心愿，遂豁然开朗，不期而遂，宛若犹在儿时，而前尘若梦，盖其数十年中，形骸更易，面目全非，自其身体之物质而观，早已非其故我矣。是知心愿所存，不关今昔之异；今酬昔愿，昔证今情。昔愿在昔，超乎昔以至今；今酬在今，亦超乎今以至昔。所超者大，而愿之所至者远；愿之所至者远，而所以酬其愿者宏。故愿在一身者，凡一身之所为，皆所以酬一身之愿；愿在一家者，凡一家之人之所为，皆所以酬其一家之愿；愿在乡土国家与天下万世者，则凡乡土国家与天下万世之人之所为，皆所以酬其乡土国家与天下万世之愿。是见人之所愿者，所超溢于其一身之事者大，则其愿之所至者远，而足以酬其愿者宏也。而凡人之超溢于其一身之愿，皆自始不以身存而存，亦不以身亡而亡。古今之忠烈圣贤之愿，皆长存天壤。而吾对之致其怀念诚敬，与吾之所行所为，足以副其所望与所愿者，皆直接慰其在天之灵之所为，而今古无间者也。谓之旦暮，犹病其言之过远。何千秋万世之足云？

六、尽己心、尽他心与天心天理

世之为说者又曰，吾人之所以居仁由义，孝于家而忠于国者，皆所以自尽其心，而非有他求，亦非必为副古人之所望也。吾人之所以慎终追远，致祭于祖宗忠烈圣贤，亦所以表其不忘之意，自尽其心而已。古人望我，我当如是；古人未尝望我，我亦当如是。祖宗忠烈圣贤之英灵在，我当如是；不在，我亦当事死如事生，事亡如事存也。由此言之，则自尽其心之意，切于己；而上酬恩德之意，滥于外。曷不只言自尽其心为愈乎？

答曰：斯言是也，尽美矣，而未尽善也。人居仁由义，皆直接所以自尽其心，固矣。然吾人之所以自尽其心者，亦皆未尝不可兼尽他心也；而我之兼以尽他心为心，亦我之所以自尽其心之事也。充自尽其心之量，则求尽天下万世人之心，正所以大此自尽其心之事者也。是自尽其心之事，不得与尽他心为对者也。童子读书，自尽其好学之心而已。然父母兄姊在旁，欣然相顾，则童子之读书，匪特自尽其心之事；父母兄姊之所望于其子其弟者，亦闻其琅琅诵读之声，而兼以得其所愿所望，而得尽矣。至彼为子弟者，初为自尽其好学之心以读书固佳。然当其回头见其父母兄姊，闻其读书声，而欣然相顾；遂感刻于怀，知不读书无以副其贤父兄之望，乃益自淬厉，更发愤攻读，以期为贤子弟。此其所以期为贤子弟，以酬贤父兄之望之事，仍不外其所以自尽其心而已。然其所以自尽之心者，不亦大于其初之只自尽其一人之好学之心，而其为子弟之德，又不亦尤高乎？然则谓吾之居仁由义，皆兼所以上慰古先之祖宗忠烈圣贤之灵，亦正所以大吾之自尽其心之量，以兼尽古先之祖宗忠烈圣贤之心为心，而高吾之所以为后人之德者。是又何伤于自尽其心、反求诸己之教乎？

　　至于谓吾人不问祖宗忠烈圣贤之英灵之是否尚在，吾皆当自尽其心，以致其怀念诚敬之意，则似是而实非。盖吾人须问：此怀念诚敬之意，果有所向乎？抑无所向乎？若其果无所向也，则此怀念诚敬之意，乃直向幽冥而沉，对虚无而陷，何怀念诚敬之足云？如其有所向，而所向者唯是吾人主观虚拟之想象中之印象，或记忆中之观念，则须知印象观念之生起，如梦中之虚影，此虚影亦不堪为人之致其怀念诚敬之意之所向也。怀念诚敬之意者，肫肫恳恳之真情也。真情必不寄于虚，而必向乎实，必不浮散以止于抽象之观念印象，而必凝聚以着乎具体之存在。既着之，则怀念诚敬之意，得此所对，而不忍相离。事死如事生，事亡如事存者，"如"非虚拟之词，乃实况之语。言必以同于待生者存者之情，以与死者亡者相遇，乃足以成祭祀之诚敬之谓也。彼死者亡者之死而未尝不生、亡而未尝不存，乃在其精神而不在身体。身体亡而精神昭垂于后世，英灵永在于千古，此理乃吾人上所已言。而人之所以与之相遇，除肫肫恳恳之真情外，不容人视之作一般之理智与感觉可把握之现实存在物想。然人心之一固习，惟于理智思虑与感觉之所把握者，乃谓之为实存。于一般理智感觉之把握所不及者，则如捕风捉水之不得，遂以为虚而无实。不知于一般理智感觉之为虚而无实者，由至情以彰至理，则更见其大实。然此要须人先尽去其以理智感觉以把握一切之习，而后可。此正如以手捕风捉水者，风愈捕而愈远，水愈捉而愈流。风水非不实也，止其捕，止其捉，而任风吹于面，水扑于怀，则知挠万物莫疾乎风，泽万物者莫润乎水。圣贤忠烈之精神与英灵，皆先生之风，若山高而水长。风之所化，流之所泽，匪特形于可见之文教，亦洋洋乎鬼神之为德，视之而不见，听之而不闻，又体物而不可遗，而只待人之相遇于旦暮。呜呼至矣。

吾人如知吾人自尽其心之事，可兼尽他心，则知吾之居仁由义，乃既自尽我心，亦上酬千百世与东西南北海之圣贤之心，以及古往今来一切人之乐交天下之善士之心。圣贤之心愿无疆，一切人之乐交天下善士之心愿亦无疆。无疆则无所不覆，无所不载，无所不贯，而凡我之生心动念，真足以自尽我心，亦同时兼尽圣贤之心与一切人之心，心光相照，往古来今，上下四方，浑成一片，更无人我内外之隔。肫肫其仁，渊渊其渊，浩浩其天。是见天心，是见天理。又何有死生幽明异路之足言？死生皆一大明之终始，岂有他哉。

惟此所言，虽皆未尝溢出由知生以知死之一步，然已泄漏过多，未免张皇。吾为此惧。善读者能信则信，不信则疑。终则悟者同悟，迷者暂迷，如曰不然，请俟来哲。是非口舌之所能争者也。至于依行求证之道，则自复祭礼存祭义始。

一九五八年二月十日

第六篇
人生之虚妄与真实

一、思想上之错误之根原

我们都是人。但我们大都皆非真实存在的人。人并非一经存在，即已为一真实的存在。人之存在中，实夹杂无数虚妄或虚幻的成分。人要成为一真实的存在，须经过一真实化之历程。此真实化的历程，有种种次第。一一经过去，是万分艰难的。此篇题名人生之虚妄与真实，实即论人生之如何去除其存在中所包涵之虚妄的成分，以成就人生之真实化。

我们说，人存在并非即是一真实的存在，首因我们不能把人之存在，只视作一自然的存在。人亦不只是一历史上的存在。对自然的存在，我们或可以说，只要它存在，它便是一真实的存在，其内部可不涵虚妄或虚幻的成分。山存在，山便真实的存在。水存在，水便真实的存在。以至草长花开，鸟飞兽走，都可说是既如此存在了，便真实的如此存在了。而且亦可说，在宇宙的历史中，曾有如此如此之山水花草鸟兽之存在了。但是我们却不能说，人存在了，人之活动存在了，便如自然物一般，成为一真实之存在。我们亦不能只就历史的眼光去说：只要有某一人及其活动存在过，在宇宙与人类历史中，总是曾有某人与某某活动存在过，因而人之存在，人之活动，无有不是真实的。

人与其活动之所以不能说一存在即为真实存在，是因人之存在与其活动之内部，可涵有虚妄或虚幻之成分。此最直接的理由，是人有思想。人有思想，是人的尊严的根原，但同时亦是人之存在中有虚妄或虚幻成分的根原。大家都知道，人因有思想，故可了解自然界与人类社会中的真理。但是亦因人有思想，于是人有思想之错误。人有思想之错误时，人可以把花视为草，鸟视为兽，这即是把存在的视为不存在，不存在的视为存在。在此须知，我们不仅是把不存在者，加于客观存在者之上，而淆乱了客观的存在；而是我们之思想本身中，包含了错误。当我们思想中包含错误时，似乎我们可说此错误的思想，仍是存在的，因此错误的思想，至少是存在于我个人之思想史中。但这种说法，是在我有了错误的思想之后，再立于此错误的思想之外，以回溯此错误的思想，而视此思想为一历史上的存在的话，而不是直就此错误的思想之本身，来看此错误的思想的话。我们如果转回头来，直就错误的思想本身，来看此错误的思想，我们仍必须就其包含错误，而说其中有一虚妄或虚幻的成分。

错误的思想之本身，所以包含虚妄或虚幻的成分，是因错误的思想，并不能自保持其自己之存在，其一度存在，乃向其以后之不再存在而趋。当我们自觉一思想错误时，我们乃先自觉其存在，而继自觉其不当存在，求使之不存在；而以自觉其不再存在，完成我们最初之对其存在之自觉。因而此错误的思想，虽一度存在，而非真实存在。其存在本身，即涵一将不存在、可不存在之意义，亦即涵一虚妄或虚幻之成分。这个道理，并不难理解。而涵虚妄成分的存在之通性，亦可由其存在而不能稳定，或其存在而将终归于不再存在处说。

人有包含错误的思想，其中涵虚妄虚幻之成分，而思想是构成人之存在之一主要活动。此亦即人之存在本身与人之活动中，可包涵虚妄或虚幻成分之一最直接的证明。此处我们万不能由人之有错误的思想，是人之思想史中的事实，是一历史上的存在，去否认人与其活动中，包涵虚妄或虚幻的成分。

我们不仅不能从人所有之一切活动，皆是历史上的存在的观点，去否定人之存在中之虚妄成分。而且我们还要说，人之存在中之所以有虚妄成分之根原，亦即在人之存在之为具历史性的存在。人之为具历史性的存在，是人之尊严的根原，而亦是人之存在中含虚妄成分的根原。

何以人之为具历史性的存在，会成为其存在含虚妄成分的根原？我们可说，人之思想所以会犯错误，即由人之把其过去的生命历史中，所经验了解的东西，移用至现在。人以花为草，即由其生命历史中，曾先见过草或想过草，遂移用其对草的观念，以观花。人以鸟为兽，即由其生命历史中，先见过兽，或想过兽，遂移用其对兽之观念以观念。人如果无生命历史，或有生命历史而不能重视或自觉其生命历史中之一切，则一切思想的错误，将不可能。人对一切当前所经验者，便皆可如其所如而直觉之，另不加任何解释。此中亦即可无任何虚妄的成分。然而由人之为历史性的存在，而又能思想，则人不能莫有错误，而其存在中不能莫有虚妄的成分。

人之所以能把对过去经验中的东西之观念，移用来解释现在所经验，可说由于人之现在心，能把过去经验中之观念，自其原存在之系统中游离，而拉至现在；亦可说由于人过去心中之此观念，自能自其原存在之系统中，超拔脱颖而出，以跃至现在。此同是根据于人之心灵与其观念之具一内在的自己超越性。此超越性，是人之尊严的更深的根原之所在，但在此一意义中，亦是人之思想会错误，人之存在中会包含虚幻成分之根原所在。

二、谎言之根原与绝此根原之道

但是由人之思想上、知识上之错误，所展示出人之存在中之虚妄的成分，并不是人生求真实化的主要障碍。人在此要忘掉此虚妄的成分之存在，是不难的。此首因人在思想错误，而未自觉其错误时，人不觉其思想中，有虚妄的成分。而在人既觉其思想错误时，人必已接触一使之自认错误的真实。故人在此是才舍去一自觉为错的思想，立即代以一自觉为真的思想，即方使一思想在心灵中，由存在至不存在，即同时接上另一存在的思想。此中，人之心灵遂永无落空之虞。所以人在求知识的历程中，人虽然尽可不断发现其原来的思想之错误与虚妄，然而人亦同时不断有相继的自认为真的思想之生出，而觉其思想之活动，与其人生之存在，仍步步落实，而可一无人生之虚幻感。

在此，人如果由此而想到，人之一切进一步的思想与知识，都同样可错误时，人亦可能不去求进一步的思想知识，而即以其已有的思想知识自足；或进而牢执其已有之思想知识，以致化之为成见而不惜。如此，人仍可不觉其思想知识之有错误的可能，而如可当下安顿其人生之存在于所牢执之思想知识中，而另无由思想知识之错误而生出的任何人生之虚幻感。因而本文之论人生之存在中之虚妄成分，亦将不再自人之思想知识中，包含错误一方面去说，而将自人生之行为实践方面去说。

从人之行为实践方面说，我们说人生真实化之首先的障碍，或人生之存在中所包含之第一个虚妄或虚幻之成分，即人之会说谎。而人生要求真实化第一步，即当求不说谎，不妄语。此事似易而实难。这是因人之总会说谎，亦根于人能思想，人之为具历史性的存在及人之具内在的超越性；而与在一般求知识上的真理之思想历程中，人之总会犯错误，有类似的理由。然二者之情形，又各不相同。

人之说谎与人之求真理之思想历程中犯错误二者之情形之不同在于：犯思想上的错误，而此思想尚未被自觉为错误时，此思想只对其外面之存在事物为不真实的。然此时自人之思想之内

124

部看，我们可并不觉其不真实。而我们在说诳时，则我明知此诳言是诳言，而不合乎存在的事实的。此时我是先在我内部，自觉此诳言之不真实。而我之说出一诳言，即似由我之内部，迸发出一不真实，而同时要求人之视为真实。说谎是由我有意的制造一不真实，而要使之对他人为真实，以代替他人原来所能认识的真实。这与我们有意求真理，而无意犯思想错误，致不合真实时之情形，全然不同。说谎是一要掩蔽真实，而使人之求知真实为不可能的企图。此正是直接压下他人之求知真实之要求，以为其反对者。而谎话之引生谎话以维护其自己，而可成为无定限的相连之谎话串系，则由于人之要想一手掩尽天下目，而压下他人之求知其他真实之要求。故充人之说谎的心情之量，即成为人之企图布下一满天云雾，以覆盖全部真实之世界，而把我心之所知，与人之心之所知，全部隔开之一大魔掌。而人在任一些微之说谎中，实即皆有此大魔掌之一爪一毛，从人之心底透露。但此谎言之为不真实，在其发出时，已可为人所自觉的了解，而人偏会说谎，何故？

我们通常说，人之说谎，总是为若干事恐他人知之，而不便我之私下进行，或欲由说谎以欺骗他人，使他人能帮助我或不妨害我之私的目的之达到。即人之说谎，总是为人之求满足其私欲私心。至于不为满足其私心和私欲之说谎，如为安慰病人，而说其必可痊愈；为免匪徒伤害朋友，而说朋友不在；为国家而作假宣传，充当间谍等，则不算说谎。因其目标并不直接在掩盖真实，亦非如一般之说谎之为不道德之行为。但是只以人之私欲私心，解释人之所以会说谎，却尚非透入人心深处去了解说谎之根原的话。

要真正了解人能说谎之根原，我们当说，此仍在人之能思想、人之为具历史性的存在，及人之具内在的超越性。

将人说谎时所用的语言，分开来看，皆是人曾在其生命历史中，曾说过或听过而能说的语言。这些语言，依我过去经验，我知道可引起人之某一些观念，以相信某一些事实存在，并使他人亦引起某一些行为，或某一些其他语言；而我今日又希望他人于此时有某一些观念，以相信某事实存在，并发生某一些行为或语言，以助于我之目标之达到；于是我说谎。此是人之所以说谎之一般的心理背景。但在此中，我们试想，如果我莫有思想能力，莫有一对语言的效用之这些了解，莫有将我过去经验历史中，自知曾说能说的话，由其原来所在之经验系统，游离超拔以移用于今的能力，我们之说谎，明是不可能的。但我们如果真了解人之能说谎之根原，乃依于人之内在的超越性，而将过去已用或能用之语言，移用于今日；便知人之说谎，尚可有一种情形：即一种根本无任何为私或为公的目的之说谎，亦即并不为引动他人相信某事实之存在之说谎，而只是一种随意的播弄旧日之语言，以引动自己与他人之观念，去掩蔽真实之说谎。

此类说谎之所以存在，唯原于人曾说的话，依于人之内在的超越性，本来会自其原所在之经验系统，自己游离超拔，以跑出来，在当下之心灵中及口边编造，以制成明知不合事实的谎言，在真实事物之前撒下云雾，而此时我们即可有一满足。此满足，有时是一种觉我之语言有魔力，以控制他人之心的满足。有时则可只是以此云雾，把人之世界隔开，而使我之世界，在云雾前得一保护的满足。又有时则只是一种自己完成了语言编造之事的满足。在最后一种情形下，此语言编造，可不为欺人，亦可使自己信以为真，以成自欺，如形成一白日的梦。而我们能了解此类谎言之性质，便知人之作梦本身——人之任过去不同时所经验之境象之遗迹，在梦中再自动冒起，交错编织，以成一心灵之前的帐幕上之所见——与人之说谎，亦出于一根。从此处说，除非人能如孔子之梦周公，而以醒时之理想，主宰其梦境，则人之说谎之可能，亦即未能根绝。此方见人要成为全无一语谎言，而绝去谎言之根原之不易。

人如何才能绝去一切谎言之根原？如要从最胜义说，则人必须作到：其一切言语，皆当机而发，一发即过而不留，其遗迹即若如如不动；非经以后之心灵，依清明之自觉，重加反省运用，即不再无端自动冒起，自其原在之经验系统中，游离超拔而出；然后可。此境界自非人所易达。然欲达此境界之工夫之下手处，则仍不外使吾人当下日常生活中之语言，能处处一面直对我所知之真实，一面直向他人之心而说，同时另无除使他人了解真实以外之目的。此之谓言忠信。我此时可既不望他人只记取我语；而我亦知我之语言之真实存在，唯在当下；如以后不再对同一真实，则于同一语言，我亦可生生世世，永不再用。于是我在当下之发出此语言，即可才发即止，过而不留。而此处即有人之心灵之真实的内在超越性之直接表现。而上文所说之依于人之内在超越性而有之思想上之错误与谎言等，则只是此内在超越性与人之过去观念及已用语言，相夹杂牵缠而有之非真实的间接表现。此工夫之意义所在，亦即以人之内在超越性之直接表现，代其间接表现而已。

我们通常说，说谎的人是一不诚实的人。但照我们的说法，则说谎的人，同时是未真实存在的人。因我说谎而欺骗他人时，我同时可自知我所说之话不合真实，而却常要望他人信为真实，则我所说之话，一方为掩盖真实，而隔开人之所知与我之所知的云雾；同时亦为使我内心所知之真实，不能表现于言语，以透到他人之心去者。于是我之谎言，同时把我内心所知之真实，加以幽囚，亦把我此内心本身，加以幽囚者。然我又知此幽囚，由我自己之谎言造成。我亦知此谎言以外之真实与他人之心之存在，而我又存在于我之此知中。则我之存在，即又超出此谎言之外。合而言之，即见我之存在，一方被幽囚于此谎言之内，一方又存在于此谎言之外；而我之谎言，则如夹在我之存在本身之两面中之一肉刺。因而我必求拔出之，使之不存在，而后有我之真实存在。而我欲求我之真实存在，必求不说谎之义，亦可由是而了解。

三、行为之合理与人生之真实化

我们说，不说谎是人生之真实化的第一步。此即中国先哲所谓立诚之教之第一步。此只是关于人之言语者。人生之真实化之第二步之事，是关于人其他行为者。人其他行为要能真实化，首先要其行为皆成合理的。什么行为是合理的？我们可说，凡不违背于所知之自然的规律，而他人与我可同样遵行者皆是。这个道理，本是卑无高论，乃人人所极易明白者。如我们只有一步一步走，才能到山岗，遂一步一步走到山岗。此便是不违背所知之自然规律者。我对人守信，人亦可对我守信，此守信，乃人与我所可同遵行者。此亦是合理者。此类之例，不胜枚举。我们说一切幻想与由之而生之行为，都是违背于我所知之自然规律者；一切不合恕道的行为，都是我不愿他人同样遵行者。如我说谎欺人，不愿他人说谎欺我，我骂人而不愿人骂我。便见说谎骂人之行为，不是合理者。但是人在实际生活中，却常想突破合理的范围。人可想一步即到山岗，人亦可有种种不合恕道的行为。人之想一步到山岗，我们说是一幻想。此幻想，乃生于我们之想掩盖抹杀我所知的：关于我之生理与外界的地理之诸自然的事实与规律的存在。此幻想之会生起，与我们之有随意的播弄旧日的语言之说谎，亦可说是同一根源。不过，此不是由我们之将过去之生命历史中之观念与言语，自其原来所在之经验系统，游离超拔而造成；乃是把我现在之一步，自应当有的第二步，游离脱开，与到山岗之目标，直下连系而成。至于我之一般的不合恕道的行为之生起，则与我们之说谎而志在欺人时，同原于我之待他人与自己之不一样。不过在说谎而志在欺人时，我要使我所知为真者，不为他人所知；而在我之不合恕道之行为中，则他人行之，我立即会说之为不好者，而我若行之，却不许他人说为不好而已。

我们说一切违背所知之自然规律的幻想，及缘此幻想而生之行为与不合恕道之行为，乃人生之真实化的障碍。此与我们之谓说谎之事，是人生之真实化的障碍，都不是说其从不曾存在过；而是说其存在自身，即涵有一内在的虚妄性或虚幻性。其存在并非为必须，而且是人在其存在之后，即要求它由存在而成为不存在的。且必须它们之由存在而不再存在，然后人生之自身乃能真实化。其存在之所以并非必须，是因于其存在时，我们即可同时见到其与我们所知之合理者相矛盾。此合理者为我们之所知，我即存在于此"知"中，同时亦即存在于此合理者中。而我又兼存在于违背此合理者之幻想及行为中。此中即有我之存在自身中的矛盾，以使我之存在自身开出一裂缝，遂使我之存在本身内部，涵有空虚而非充实，左右摇摆而不能稳定。要稳定充实，只有去掉此相矛盾者之一。然而我要不顾我所知之合理的自然规律，以退缩于我之不合理之幻想之中，是不可能的。因为知此合理之自然规律之知，在我之违背此合理者之幻想之外之上。我可以幻想一步到山岗，但我知道必须有后来诸步，乃能到山岗。幻想的我，固亦是我。但依自然规律之知，而知道凭此幻想不能使我到山岗，必须有后来诸步，乃能到山岗的"我"，是超出于此幻想的我之上，以判断此幻想为幻，而要撤消此幻想之存在的我。在此，幻想的我，是无法与超越其上之我，对等抗衡的。因而此矛盾要撤消，只能先撤消此幻想之存在。其次，我固可以有不合恕道的行为，但我知道此行为不合恕道。发出不合恕道之行为者，固亦是我。但求合恕道的"我"，是超越于此行为之上，且能以恕道为标准，以判断此我。此以恕道为标准作判断的我，亦是兼通人心与我心的我，兼通于我之过去与将来及我之现在的我。而发出不合恕道的行为的我，只能是一现在的我。我过去说他人不守信，是不好，而我现在如不守信，则纵然对我之现在，可生一直接的好处，但是我"知"道：他人此时亦会说我之不守信是不好。我亦"知"我之过去之我与未来之我，同可以我之不守信为不好。此"知"，兼通于他人之我及过去之我、将来之我，而现在能有此"知"之"我"，即在此现在之不守信的我之上。此不守信的我，只能在其下，仍是无法与此在其上之我，对等抗衡的。他永无力量去撤消此在其上之我，至多只能掩蔽之，使暂不出现。然他以后仍可出现。则其不出现，并不能解决问题，而使此不守信的我，安稳存在。因其一出现，此不守信的我之存在，即发生动摇。而此问题之唯一的解决法，便只有是依合理的恕道，以求守信的我之存在，以撤消此不守恕道而不守信的我之存在。

人真能处处使其行为活动，都能合理，以横通人与我之心，而无障无碍，纵通我之过去现在与未来，而无惭无悔；则人之人格，已可以为贞定之典型，而卓立于天地之间。然此仍可只为成己之事，而未必即能及于成物。则人生尚未能完成其最高之真实化。

四、成物与成己

人之人格之成就，必由成己以成物。此乃古今中外圣哲之公言。然人何以要成物？此不能就为自己谋利益而说，亦不必直就上帝之诚命而说。以至只说人理当求成己兼成物，于义亦有所憾。此宜兼就人如不成物，则人生自己之存在中，亦即有虚幻不实之成分来说。

人之所以不能只成己而不成物，此乃因人之真己，永不能真以他人为外，万物为外。人之心灵之本性，原为四门洞达，以容他人与他物之出入往来，而原能对其疾痛忧患，无不感者。我们固可姑在我自己与他人之间，划出一界限，谓界限内者为己，界限外者为人。我可超越界限内者，达于界限外而知有人；亦可超越界限外者，以回到界限内，而唯知有己，又化此己为一绝对无外，而唯知此一己，似亦未尝不可。然此中实有一根本问题，即最初划此界限为谁是也。此最初划界限者，仍当为我之自己，然此自己之初划此界限，即证其原在此界限之上，同时看见界限之内与外，而此真能同时看见界限之内与外之"己"，即为一兼涵内外人己的我之心灵之本性，而于此"己"，此心灵之本性，则永不能只置之于其所划之界限内。此己必为自居界限之上以兼关怀内外之人己，而求其兼成者。夫然，故人皆饥而我独饱，人皆寒而我独暖，人皆在忧患而我独安乐，人皆愚昧我独智慧，及人皆为不德之小人，我独为有德之君子，即必然为此心灵之本性之所不忍者；此无他故，即我之心灵之本性，原能同时看见我所自划之人我之界限之内与外而已。从此心灵之本性上立根，则"禹思天下有溺者，犹己溺之也；稷思天下有饥者，犹己饥之也"，"伊尹思天下之民有不被尧舜之泽者，若己推而内之沟中"。此不特圣贤惟然，吾人心灵之本性，一朝昭露，亦无时而不然也。而当其如此如此其然也，则人之见他人之饥寒、忧患、愚昧与不德，人亦将直感其心灵之本性之有所不伸，其自己之存在之有所缺漏，而有虚幻不实之感焉。由此而我欲求我之人生之真实化，即于理于势，皆不能不求成己兼成物。而一切客观的道德实践与成就社会人文、治国平天下之事业，皆所以成就我之人生之真实化者，于是乎可说。但关于此义，昔贤及吾人前所说者已多。可不复赘。

五、"死"在目前之义，与人生遗憾之化除如何可能

我们求人生之真实化之第四步之事，是将"死"放在目前。是即孔子所以言"朝闻道，夕死可矣"，孟子所谓"志士不忘在

沟壑，勇士不忘丧其元"之意。然一般人恒只求生而忘其有死，此固有其所以如此之故。但最真实之人生，仍须将其"必有死"之事，时时放在目前，而此亦为西哲杞克伽、海德格之所论。何以人生须将死放在目前？因一切存在中，只有人类乃真知其有死。上帝仙佛与天使，皆不死，禽兽草木，有生必有死，而不知其有死。惟人独有死，且知其将死与必死。死为人生之大限。然此人生之大限，实随时可以来临。天灾、人祸、忧患、疾病，固无时不可使人死，人亦随时可无疾而终。人又为一切存在中独能自杀之动物。吾人皆不能预断吾将来不谋自杀之念，而此念之何时来临，亦非吾人今之所知。则吾人之生也，实生于随时可能有之死之旁。然此理，则恒为人所昧，此究为当耶或否耶？

在昔之哲人中，多有谓吾人只当思维生而不当思维死者，此言自另有其甚深义。然果死为人生必至必遇之一事，则吾人实不能置死于不顾，以掩盖真实之人生所必至必遇之一事。而人之能常置死于目前，在未死之时先期迎接死，而置"死"于有生之中，正人之所以得超死而永生之一道也。

溯人之所以能自知其有死，其根原亦在人心之具内在的超越性。唯其具内在的超越性，故能超出我之现在，以观我之过去，以想象我之未来，与其未来之所必有必至之死。然如实言之，我心灵之有死，实为不可想象者。而可想象者，唯我之肉躯之将停止呼吸与活动，以及其将腐烂而化为土壤等。然我之能想象此等等，唯以我之设定此能想象之心灵之尚存。至于我欲想象我心灵之死，则须设定"能想象此心灵之死"之另一心灵，位于此心灵之上。此中所想象之心灵可死，而能作如此想象之心灵之如何可死，仍不能在吾人之想象中。而克就心灵之为一生生不已之昭明灵觉言，彼乃常为主而不为客，即永不能化为所想象之对象者。吾人若只反观此"常为主而不为客"之生生不已之昭明灵觉，则吾只知其动而愈出，实不知何处是其限极，与如何死法。而吾人之说此心灵有死，惟由吾人之将此心灵混同于肉躯，此又原于吾人之本此心灵之超越性，而忘其自身之存在之别于身躯，而后有此一混同。反之，若吾人一本此超越性，以超越于肉躯，而又自觉其超越性，则又立即自知其不同于肉躯之有限极，亦即自知其无限极，而无据以说其同于肉躯之有死，于是哲人中乃又有专从此心灵之不能有死，以寄其求不死与永生之望，而掩盖此死之问题者。

然实则此死之问题，尚不能由此以被掩盖。因吾人之心灵之自身，固可无所谓死，此乃人之心灵回头而专自其超越性上措思时之所能知。然此尚不能掩盖人之心灵之同时关心其身体之死之问题。人之心灵何以必关心其身体之死之问题？此乃由人之心灵在其现实的存在上，乃恒是怀抱种种目的、理想、志愿，欲凭借吾人之身体之动作，加以实现于客观世界者。吾人之身体若死，则吾将若无由得其凭借，以实现吾心灵之目的、理想、志愿于客观世界，而使此目的等获得其真实存在意义，因而亦若即不能使吾怀此目的等之人生与心灵，获得其真实存在性。此盖即身体之死之所以为吾人所关心之故，而死之可悲可怖之故，亦似即在于此。吾既知死为可悲可怖，而吾又知吾之随时可死，亦终不免于一死，此即成吾之人生内部之大矛盾，此矛盾当由何解决？

欲解决此问题，须先知吾人之志愿有二种。一为直接自吾人之超越的心灵之本性发出之无尽的成己兼成物之涵盖的志愿。此志愿乃历万世而不能了。吾之身纵长生不死，亦求不能了者。然此志愿，非我一人之私愿，而是天下人所能同有之公愿。因而当吾真有此志愿之时，吾之心灵即通于天下人之公愿，以与之结为一体，以共求实现之。吾知吾一人之长生不死，亦并非即能了此志愿，则依此志愿，亦即不必须求我一人之长生不死；又我身虽死，而可寄望于后死者，则我身之死对此志愿言，即非必为可悲可怖。其另一种志愿，则为吾之心灵直接望吾之身体，就其力之所及，以作其理当由吾而作之事之个人的志愿。在此，吾人通常乃视此身体为工具，以达吾之志愿中之目的理想。因而吾之目的理想一日未达，吾便自然欲继续执着此工具，而不忍舍离。于是其求达志愿之事，遂亦非随时可了者。此方为人之所以视死为可悲可怖，而通常人之死，恒不免抱遗憾而死，以使其一生之人生存在中，涵缺漏而去之故。唯在此种志愿前，如何能使吾人求达志愿之事，成为随时可了，而能不畏死，方为吾人之问题之核心之所在。

此处吾人欲使吾之达志愿之事，成为随时可了者，只有一条道路。即吾不能只将心灵中之目的理想，虚冒而出，而只视吾之身体之活动为工具，以求达成。因身体如只为工具，则目的理想未达，吾必执着此工具，不忍舍离。而此时吾人心灵之目的理想之虚冒而出，固亦昭悬于此身之上；而此心灵对身体之执着，实即已使其自己陷落于身体之中。于是吾念此身体之不存，即如将使此心灵与其所怀之目的理想，如游魂之失寄，其死遂不能无憾。而此中之旋乾转坤之修养工夫，则在不视身体为心灵达其目的理想之工具，而将其一切目的理想，收归心灵自身，以下与身体之行为相呼应，如古人所谓"心要在腔子里"，以使此身体非其所执着之工具，只为一直接表现其心灵活动之一时之凭借，如弹奏心灵乐曲之乐器。若然，则此乐器，经一番弹奏，自有一番乐曲之声。若不弹奏，则乐曲与乐器，可同归于寂。若人亡琴破，则乐曲自在天壤，另有他琴弹奏。此中便使心身两无遗憾。吾今为此言，即以喻人在生前，如要真能时时可死，而无所谓未完之愿，以使人生带缺漏而去，即当使人之心灵与身体之关系，如一呼一应，能直下圆成者。呼是心愿，应是身行。心所愿者，直下只是此身之行，另无外在目的。则心身之关系，才呼即应，才应即止。处处道成肉身，处处肉身即道。肉身化往，此心此道，即合为神明，存于天壤，寄于他生。唯如此而后人能在有生之时，不舍肉身，而肉身亦随时可死。而此中之要点，要在先不将此肉身作心灵所执之工具用，而只作心灵当下之表现之凭借看。今之西方之存在主义者马赛耳氏，尝深论人之肉身不可作工具，而当使为道之所存之义。今因引申其旨，增以中国昔贤以乐曲喻精神之义，以论如何使人生随时可死而无遗憾缺漏之道。然书不尽言，言不尽意，幸读者垂察焉。

六、对反面者之开朗之意义

人生之真实化之第五步之事，为心灵对于一切人生之错误罪恶，他人与众生之苦痛，及一切反价值、不合理想、不真实，而涵虚妄虚幻的成分之存在，能开朗的加以认识、体验与承担。人生之真实化，固然重在向往正面之价值理想如真美善等。但人心如不兼对反面的东西开朗，则其对正面的价值理想之向往中，同时亦有一种无明。现实的世界中，反面的东西之存在的数量，明多于正面的东西。在战争中，一将功成万骨枯。在自然界中，千千万万的鱼子，只有一二生存。在知识的世界中，每一真理之旁，环绕无数可能的错误。自古及今，多少人真能不抱恨而死？上下数千年，纵横千万里的人间，毕竟有几个圣贤？我们一生的生心动念与言行，毕竟有多少是可以建诸天地而不悖，考诸三王而不谬，质诸鬼神而无疑，百世以俟圣人而不惑？从此看，一切人所向往的如日月之光的真善美，在无尽的黑暗中，便都只是黯淡的疏星。在此处，佛家说世界是苦海茫茫，基督教之说人类有自太初以来传下之原始罪恶，都有深切的真理。这个世界中的事物，值得赞美的少，须要斥责的多；令人欢喜的少，令人慨叹的多；能真实存在、合理想、涵正价值，值得保存的少，不合理想、涵负价值、其存在中包含虚幻虚妄的成分而将不存在，或当加以改变以使之不存在，或当超化其存在者多。因而人要求其人生之真实化，亦无时能不与此一切不真实的东西相遭遇。此一切不真实的东西，都可成为人生求真实化的历程步履中之险阻艰难。而对照此人生之求真实化言，则其为险阻艰难，正是最真实的存在。在此，我们亦不能只本我心灵之超越性，去向上超越的看真善美世界之自身，如柏拉图及无数向往真善美的哲人诗人之所为，亦不能只是超越的静观此一切不真实者之自己销毁、自己否定而自己超化，如黑格尔之哲学之所为。因为只有此向上看与静观，仍是使我之人生存在之求真实化的要求，缩回于我自己之内，而我之心灵，实早已同时溢出于我自己之外，而知我以外之诸不真实的东西之存在，因而亦不能不求此不真实的东西之真实化。求其真实化，而我之力有所不及；则不真实者，对我显为一真实的险阻艰难。在此处，人亦即无法只停下脚步，只超越的静观不真实的东西之自己销毁。人必须真实的认识，我之与一切不真实的东西相遭遇，皆是我自己求人生之真实化的历程步履中之一事，是我一不能不忍受的命运。由此而人生遂不仅须在生时，把死放在面前，且须在其求真实化的历程步履中，步步为不真实的东西之荆棘之所穿透。从此说，人生是必须包含痛苦的。愈求真实化的人生的人，必然是愈痛苦的。众生病，菩萨不能不病。

耶稣、释迦、孔子都不能不痛苦。谁知道一切圣贤的衣服与花冠，都是荆棘所编成？然而人只有在其身体感受痛苦时，然后人才真想到其身体的自然生命之真实存在。人亦必须在精神上感受一切不真实的东西如荆棘之刺目刺心时，才能真觉到其精神生命之真实存在。至于如何由承担痛苦而引发一公的志愿之生起，则当如我们在本书第四篇《立志之道及我与世界》第十节之所说。

七、内在的真实存在之自觉

人生真实化之第六步，是要由反面的东西之认识，再回头认识：此反照出一切反面的东西之正面的东西之真实存在。我们说人必须真实的接触遭遇一切不真实东西之存在，而由此感受痛苦。然我们还复须知，能感受痛苦的我之精神生命之自体，我之心灵之自体，仍毕竟非痛苦，而超于痛苦之上。一切痛苦的根原，只由于我们之将自觉或不自觉的所肯定之正面的东西，与反面的东西相对照。反面的东西有多少，则我们所肯定之正面的东西有多少。人所见之罪恶黑暗有多少，人之拔除罪恶的精神愿力，与能看黑暗的心之光明，亦有多少。如果此一切反面的东西，皆是宇宙的客观存在，则此不断走向反面的东西中，去认识、体验、承担一切反面的东西的我之精神生命、我之心灵，亦是一宇宙性的客观存在。如前者无穷，后者亦同样是无穷。在此，人终将了悟到其精神生命，原是一宇宙性的精神生命，其真实心灵，原是一宇宙性的真实心灵。谁使我对于其他人物的痛苦，感受痛苦？此只能是因我之生命与其他人物之生命，原是一个生命。谁使我对其他人之罪恶感到刺心？只能是因我的心与其他人之心，原是一个心。谁使我在接触遭遇许多存在的东西之不真实的成分时，觉我亦如失去了一部的人生的真实？只能是因我之存在与其他东西之存在，原是一个真实存在。谁使我能继续不断无穷无尽的感受痛苦刺心之事？只能是因此真实存在，原是一无穷无尽的真实存在。然而人在感受痛苦刺心之事时，人如果真能回头认识此无穷无尽的真实存在即在于当下，则知此真实存在本身，能感受痛苦刺心，正因其要超拔痛苦，要超拔心刺。而其所以有此"要"，正根于其自体本身原是超拔于一切痛苦刺心之事之上，而常自悦乐，常自平安。由是而我们只判断世间为苦海为罪恶时，人仍未认识真实存在的世界之全，人亦尚无其人生之真实化。

我们说，我们必须由对于一切不真实的东西之接触遭遇，而感受痛苦刺心中，印证我之精神生命我之心灵之自体本身，原是一常自悦乐、常自平安之宇宙性的精神生命、宇宙性的心灵之真实存在。因而我们不能只判断世间为苦海为罪恶。我们的意思，不是要借此及吾人之求超越此苦海与罪恶之超越的要求，即去肯定一超越外在的上帝之存在与形上实在。在此，我们正须说，一般所信仰所认识之超越外在的上帝或形上实在，皆可为不真实的观念，亦为阻碍人生之真实化者。

一般之超越外在的上帝与形上实在，其所以是不真实的观念，是因为我们现在之问题，乃在求人生存在自己之真实化。在人生存在中，凡一切只为我们之认识与信仰之所对者，皆只是人心之向外向上凸起时之所承载。而人心之毕竟是否愿向外向上凸起，以承载此所认识所信仰者与否，人亦即永有其自由。故此所认识与所信仰者，亦即有不呈现于人心灵之可能。此不呈现于人心灵之可能，即其虚幻性虚妄性之所系。就人生存在自己言，自其内部来看，固亦可发现种种虚妄或虚幻之成分。然而人之能"知"能"感"此一切虚妄而不安，欲求超化此一切虚妄之无尽的心愿中，所昭露者，则为一现成当下而又无尽深远，而通天地万物为一之内在的真实，为人无一日一时与之相离者。此内在真实，非一切向外之认识信仰之所对，而为一切向外之认识与信仰所自发的根源。人唯因有此内在真实，而人又恒不能回头真实的加以自觉，于是此内在真实，在感不真实者之刺激压迫时，遂将其心愿所存，向上向外凸起，迸发而出，惟寄望于超越外在的上帝与形上实在，而有对之之认识与信仰。而顺人之认识与信仰之外向的活动，人又可只注念于此认识信仰之所对，一若只有此所对者之自身之存在为重要之事。以至有人认识信仰之与否，皆可与此无关。此即形成一泯失人生存在之自己之一大无明。由此而再说人生存在之自己之命运，乃倒悬于此超越外在之认识信仰所对之前，则造成整个人生存在之外在化对象化，而当下之人生存在之内容，遂全部蒸发升腾，只留一虚廓，致造成人生之最大的虚幻。此处旋乾转坤之又一学问，则为不再只将其心愿所存者，向上向外凸起，以倒悬于此认识信仰之所对之前，乃转而向下放平此心，向内凝聚此心，回头真实自觉的求在感不真实的东西之刺激压迫时之心愿所存者之本来面目上，实参实悟，而于此中见得其所昭露之现成当下而又无尽深远，以通天地万物为一体之内在的真实，既"鼓万物而不与圣人同忧"，亦充实饱满于我一念之心中，而未尝有一丝一毫之外溢，以使我有终身之忧，而又乐足以忘忧。此亦即昔贤之所谓天心即人心之仁心。人能真见得此物事，再内通于千古之圣心，或视此天心为超越而非外在，以对之皆致其崇敬，则亦非上无所托也。

八、所接之事物之唯一无二性之确认

人生之真实化之最后一步，则为由识得此即天心即人心之仁心，充塞饱满于我之当下之人生存在之中，而由我之四肢百体，与相呼应，洋溢流行于外，以"大礼与天地同序，大乐与天地同和"之心情，与我之当前环境中之家庭国家人群中之人及自然物，相流通感应。而此处之最重要者，乃人之对其所接触之当前环境中，一切特殊唯一无二之事物之唯一无二性之确认。人于此必须认识其父母乃唯一无二之父母，其家庭乃唯一无二之家庭，其国家乃唯一无二之国家。周茂叔窗前不除之草，当时乃唯一无二之草。程明道观鸡雏以观仁，当时乃唯一无二之鸡雏。由此而呈于我前之世界与宇宙，乃唯一无二之世界与宇宙，而吾内在之即人心即天心之仁心，于时时处处，有其唯一无二之呼召。此中我时时处处之所遇与我之所发之行为，以皆唯一无二，则时时处处皆为绝对，皆为具体之充实存在。于此一有雷同剿袭，随人脚跟，学人言语，以至一落入格套，只凭抽象概念用事，即使当下之人生存在之活动，与他人或自己他时之活动，纠缠拉扯，胶固黏连，形成一心灵中之疙瘩机括，同时对于当前所接之具体之充实存在，有一无明，有所泯没，而使吾人当下之心灵之感应与行为中，有一缺漏与虚幻不实之处。如此中一无缺漏与虚幻不实之处，则此当下之我之人生之一切行事，皆日新不已，而一成者皆永成。至一般人之所以觉成者有毁，而或感人生之空虚与缺漏，皆由欲超越当前所接之实有之"此"，而于此中求其中本无之"彼"，及见"此"中无"彼"，遂觉成中有毁，而"此"即若空虚无实。不知其欲于此中求彼，正由于其心灵先胶固于"彼"，同时又对"此"有一无明，而于"此"前，心灵先自陷于空虚。人于此欲免于空虚毁灭之感而外求，则虽上穷碧落，下达黄泉，而与所遇者，皆旋即旋离，仍将无处不只见一切之不断消逝，将无从而得逃于空虚之感之外。此处除直下承担当前所遇，去其所胶固于彼，使不无明于此，另无人生真实化之道路。而人之欲离于此当下之人生，不知反求诸己，而只向外希慕天国涅槃者，此向外希慕之念才动，即已是出明入幽，先自陷于无明，而使人生杂入不真实之成分。然此亦非世间无天国涅槃之谓。而是历此人生真实化之艰苦历程，由此心灵之昭明灵觉之新新不已，即以见天命流行之泉原不竭，而皆清净无染之谓。而此中之次第工夫，则仍当自本文开始时所言之不妄语，与日常行为皆求合理，使足以为法则始。如吾夫子所谓"言忠信，行笃敬"，而另无奥妙与神秘。古今圣哲之最高智慧之所在，亦无不归于将奥妙与神秘者化归平常，所谓极高明而道中庸。然人若便谓以为平常，便谓此中更无奥妙神秘与高明，而轻心掉之，则又大误。是在学者之深思而自得之。

一九五九年一月十日

第七篇
人生之颠倒与复位

一、引言

本文为《人生之体验续编》最后一篇。从我写《人生之体验》到现在，已历廿余年。在此廿余年中，我实不断对我之生活，与生活中所遭遇之一切，时时有所反省。此中间的变化，约有三阶段。第一阶段即《人生之体验》与《道德自我之建立》之二书所表示，此乃全基于对于人生之向上性之肯定，而从我之一切现实烦恼中翻出来之二书。由此二书所展示于我之世界，乃逐渐为一形而上之真实完美之价值自体之光辉所弥纶。于是本此眼光所看出之客观的人类文化之根源，亦即一道德理性之在各方面之文化意识中，表现它自己。此即我之所以写《文化意识与道德理性》一书。此书虽只发表数年，但实成于十年以前。至于最近这十年，则我所能自觉到的思想进步，大皆属于对人生现实中之负面的东西，如人生之艰难、罪恶、悲剧方面的体验。以前我所发表之《人生之体验续编》之文，皆是包涵：对此之负面的东西之正视的。但这并不是说廿余年来，我的思想之道路，有任何改变。只是年龄日长，不仅人生经验日增，而且人之心灵由山谷经过崎岖之道路，逐渐到山顶后，再回头看地面，遂对其凹凸不平之处，及何处是陷阱深渊，亦逐渐能加以指点分明。人生的艰难、罪恶、悲剧，是在那儿，在我之视线之内，亦在我之生命之内。陷阱与深渊，我自己亦随时可堕入。但是我知道我可堕入，我即可不堕入，如堕入，我亦知道自何处再翻出而升起。如果我自己廿余年在学问上有何进步，亦主要在此一方面。至于一般知识之增多，写几篇学术研究的论文，此不过世俗之学者之所谓进步。这些进步，可能只是一些陷阱之沉入，不足语于真正的学问之进步之列。但是对于这些人生之艰难、罪恶、悲剧等诸陷阱深渊之所在，我虽渐能指点分明，然其深度，则尚多非我之所测。此诸陷阱深渊之底层之隧道、窟窿，尚有无数之奥秘，而其如何曲曲折折以遥接天光，更非我智慧之所能及。而即将我所知者说出来，亦非只在地面之浮层用心的人所能了悟。而此中加以论述的方式，亦难决定。如以轻松的笔调，加以论述，则使人忽视此中之问题之严肃性。如以严肃的笔调加以论述，则人生之艰难、罪恶、悲剧之本身，已太严肃，在严肃上加严肃，尤非乱世弱质之人，在精神上之所能负担，亦不必能引人入于此中之智慧之门。而折衷于此二者之间，亦复不易。故我以前所写《续编》之数文，亦皆不能如理想。今写此最后一篇，论人生之颠倒与复位，乃重在论人生之颠倒，而拟将前所论之关于人生之艰难、罪恶、悲剧之原，换一观点加以说明。但是否能把我于此题之所见者皆容纳于一文，尚不敢说。容纳多少，只有任由文章进行时之机势以为决定。至于写法方面，则仍由浅入深，由轻松逐步到严肃，此乃接引世俗不得不有之方便，望贤者谅之。

二、人之倒影及其他之譬喻

所谓人生之颠倒相，如人之立于池畔，还望其自身在池中之影。此时人自己看见自己倒立于池中，如一外在客观的物象，而脚在上头在下。此例所喻有二义：一是主体的自己之客观化，或内在的自我之外在物象化，而此外在之物象，则只是一虚影。二是价值高下之易位。此二者，即喻一切人生颠倒相之基本意义。然此基本意义之所涵摄，与表现此意义之人生事相，则几可说无穷无尽。我们尚可说，除了圣人，我们之任何人生事相中，皆或多或少包括若干人生颠倒相于其中。由常人至事业家、政治家、学者、哲学家、宗教家，无一能逃此颠倒相之幻惑。此颠倒相，乃由人之深心的颠倒性而产生。此颠倒性，盖即佛家所谓根本无明，基督教所谓原始罪恶，中国道家老子所谓"人之迷其日固久"之迷，庄子所谓"人之生也，固若是芒乎"之芒。而正统的儒家，则或不认识，或认识不够深切，或认识够深切，而为更深之理由，隐而未发者。至少自语言文字之表达上说，正统儒家所说者，是不够的。现在我们要开拓儒家思想，此一面之思想，亦须加入摄入，如何摄入之，而不碍儒家思想之根本义如性善论，是一个哲学上之大问题，但亦不难解答。本文拟自常人一常识说起，而此一常识，乃可带我们去看，在常人之心之底层之一种原具之颠倒性，同时亦可作为譬喻后文所说之用者。

常人之一常识，是人中有疯狂者。此疯狂者是不及常人标准、若低于常人之一种人。近代心理学家视疯狂者之心理，为变态心理之一种；而近代心理学对于变态心理学之研究，亦实人类学术中之一大进步。我对此不是专家，不配讨论此学问之本身。但是我们知道，人之变态心理之一，即人可不照镜、不对水而看见自己立于自己之对面。文学家哥德即曾有此经验，看见自己由对面走来。最近有一美国科学家来港，他告诉我有一种药物，他并写下药物之名，谓人服一定量，大都可看见自己立于自己之外面。此可说只是一感觉上之幻象，此幻象亦可能只是一主观的构想所成，而并非人之神游于自己之外，以看见其自己。但是此幻象之所以可能，却是依于一根本的道理，即一般人视为等于其自己或自己最亲密的东西之身体，亦可为其自己所外在化客观化，而如存于自己之对面。人在此并不凭仗水与镜，而能外在化客观化其自己之身体之形象之性向，即人心底所原具之颠倒性之一种自动的表现。

在人类之变态心理或疯狂心理中，还有一种普通的现象，在理论上应与上所述同类者，即所谓投射的现象。人爱一异性者，在此种心理下，可全不觉他爱某人，而只觉某人在爱他。尽管在实际他是因思某人而自己成疾，但他却只想某人之思他而成疾，待他之爱以救其生命。此所谓投射，乃将其自己心中之爱慕，全投射入对方，而皆变为由对方向我而施发者。而他自己之心中之爱慕，即全部外在化客观化，而如只存在于对方之某人之中。此正与上一例，同展示人之原有一自动的外在化客观化其自己之性向，而他自己却可全不知道。

此外，到疯人院参观的人，可以看见一疯人终日只作一动作，如以线穿针，穿了再穿，由晨至晚，不厌不倦；而将其他活动，皆加以废弃；于是其可用于其他活动之生命力量与心力，即全部用于此一穿针之活动；其整个之人生，亦即颠倒而沉入此穿针之活动中；而此穿针之活动之价值，亦如对之成至高无上，而其整个人生及其他活动之价值，皆如在其下。此即在人生之颠倒中，同时有一种价值之高下之易位之例。

我们举此变态心理及疯狂心理中之二例，不是为讨论心理学之问题，而是为便于指证人生之颠倒性之存在。我们虽都是常人，但亦都有疯狂的可能性。我们都是可能的疯子，亦都是幸而未疯狂的人。而我们之幸而未疯狂，并不证明我们之人生无其颠倒性。此颠倒性，不表现于一般所谓疯狂及变态心理中，反之，却可表现于一切所谓常态的人生事相，及一般认为较常人更高之非常人物，如学者、政治家、哲学家、宗教家之各种思想与活动之中。在此处，我们与疯狂的人，可谓并无本质的分别，而只有形态的分别，与所表现之人生颠倒相之种类及程度上的分别。

三、谁颠倒及颠倒如何形成

在我们陆续说明人生之颠倒性相之前，我们还要先问：谁在颠倒？此颠倒如何形成？我们当答覆：此颠倒者，即我们上述之主体之自己，或内在的我，或我们之心灵生命存在之自体。至于问其颠倒如何形成，则只说依于其颠倒性，尚有所不足。因为此颠倒性虽属于此能颠倒的东西，而此能颠倒的东西，其本身却不能说即是颠倒。如人临江望其自身之影为颠倒，但人之自身却不能说即是此颠倒，此人之自身初原是正正堂堂，立于地上，而本无颠倒的。此即比喻我们之主体之自己，或心灵与生命存在之自体，初亦本无颠倒。本无颠倒者如何会有颠倒？此问题我们无意在此加以答覆。我们今只拟先说此本无颠倒者，其相貌情状是如何，然后再说其颠倒之相貌情状是如何，最后才略论由颠倒再回到不颠倒如何可能，而不讨论其他纯属哲学理论上的问题。

关于此能颠倒者之我们之心灵或生命存在之自体，其相貌情状是如何，此可以多讲，亦可以少讲，可以浅讲，亦可以深讲，亦可以从不同的角度讲。我在其他文中，论及者已多。在此文中，我只须直截了当的说，此心灵或生命存在之自体，乃原具无限性，而是以超越一切有限量者为其相貌与情状的。亦即无论你如何去想它，你总不能发现其边际，而视之为有限量的客观对象。它永是一超越的无限者。然而此自身为一超越之无限者之心灵或生命存在之自体，同时亦即是能发生一切颠倒，而具一深不可测之颠倒性，而表现为人生之一切颠倒相者。如果人们不能就其自体本身，以认识其为一超越的无限者，人们亦可直自人生之一切颠倒相中，认识其深不可测之颠倒性，以反照出其原为一超越的无限者。观下文，自可逐渐见得此义。

此超越的无限者，是如何地形成其颠倒性，并依其颠倒性，而有人生之颠倒相？此先可抽象而概括的，以一语道尽：即此超越的无限者，须表现于现实之有限者之中（如：有限的现实生命之存在，有限的身体，及各种有限的现实生命之活动，与有限的所有物等），而它又会顺此现实之有限者之所牵连，而欲化此有限者为无限者，以求自见其自己之倒影于其中，而视之为其自己之所在。在另一方面，此超越的无限者，亦有超离有限者，与之脱节，以虚陈其倒影。它初不知此化有限为无限之事，非真实可能，而唯是一虚妄，其在此求化有限为无限之历程中，及与有限者脱节时所见之自己之倒影，亦实非其真正之自己，此即人之所以有其颠倒性与一切颠倒相。到了人能如实的了知：此一切颠倒性相，非其真正自己之所在，乃转而在现实之有限者中看见他自己之表现于其中，而又兼超越于其上以存在时，此颠倒之性相，即开始化除。人亦同时悟知：此颠倒性相，虽由其自身而有，然尚非其自己之本相与本性，而另有自见其本相本性之道，于是人生即可由颠倒而复正位。凡此等等，皆人生之事实之描述，而非只一哲学上之理论，故此下亦惟由一一人生之实事，以证上之所说。

四、常人之好利好色及嗣续贪中之颠倒相

什么是人生之实事？其底层实不外人之求生，而求生之最底层，即人之求形躯之生存而需饮食。善哉佛经之言"一切众生依食而住"也。佛经之恒言释迦乞食已，而后讲说，即谓释迦亦不能外于此食之事，故与一切众生同依食而住也。复次，人之形躯既得生存，又必欲由男女之匹以有后裔，善哉佛之言"一切众生皆依淫欲而正性命"也。中国儒家之《礼记》言"饮食男女，人之大欲存焉"。此皆不妄语，而如实说人生最底层之实事者也。无此底层之二实事，则生人道丧而人类绝，圣贤仙佛，皆同不得存于世间，故人亦不得对此二实事，先存轻忽非议之心。然吾人之此二实事，其所成就者，不过吾人之一有限之形躯之生命之存在，吾人之子孙之有限之形躯之生命之存在。以此对照圣贤仙佛之心灵与生命存在之无限量（此实即吾人之心灵生命存在之自体之无限量之如实的自觉而自见），直不可同日而语。然彼圣贤仙佛，何以亦须依食以住其身，并先为他人之子孙，以有限之存在出现于世，则为天下之至诡。而圣贤仙佛又若果为我之所能为也，则我今日之依食而住，我身之先为我祖宗父母之子孙，以得此有限之形躯，亦天下之至诡。此至诡之所以为至诡，在终可成为无限量，而自觉自见其为无限量者，其始乃只表现为有限者。

然此终之可成为无限量之理，又必自"始"而然，而此能成始而又成终之圣贤仙佛，与吾人之心灵与生命存在之自体之本性，亦当自"始"以无限量说之；而其始于表现为有限量之形躯，即此无限量之自体先表现为现实之有限者之一实事之例也。

然人既依其无限量之自体，以表现为现实之有限者，人即同时可顺此现实之有限者之所牵连，求化此现实之有限者为无限，以求自见其为一无限者之倒影于其中，此即上述之人生之颠倒性相之原，而其最切近之实事上之验证，即在人之好利与好色，此亦人之常情，遍古今中外而皆然，以未尝有异者也。

人何以好利好色？人或谓此乃原于人之求食以谋己生，及求后裔以谋种族之生的生物本能，是即人之同于禽兽之性。此言也，实似是而实非。彼禽兽之食至饱而止，其春情之发动也有时，亦得其所欲而止。而人之好利好色，则竭天下之财富与佳丽以奉之，犹不足，而可归于无限量。此固非禽兽之所有，而实原于人心之无限量，而欲求其无限量，于"财富与佳丽之无限量"之具有之中，而妄欲于其中见其自体之无限量之事也。欲知此义，当知人之好利好色，皆非只是徒好有限的现实的存在事物，而实是好其所牵连之尚未现实化之种种可能，而此诸可能，实唯是呈现于人之心灵之前，又必归于为一无限量之可能者。兹再连由好色而出之嗣续贪，分别标以甲乙丙，论之于下。

甲、人之好利，见于其好财富。财富之所以为财富，要在其能孳生财富。财富固亦或可直接享用，而财富所孳生之财富，则非可直接享用。故人之好财富，非徒好一现实之直接享用，而要在好种种对财富加以享用之"可能"，与财富之能孳生财富之"可能"。人之好财富，以好货币为归宿，而货币之所以可好，则尤在其可孳生货币，及货币之兼具购买任何等值之物之"可能"。此诸可能，实皆唯对人之心灵而呈现，为人之心灵所贪着爱恋之真对象，其本身乃不可感觉的、为精神的，而非物质的可感觉者也。

由人之爱财富，要在爱其孳生财富之"可能"，而其"可能"，如得现实化，又必将更有其所可能孳生之财富，以相引而无穷，而人乃必爱此相引而无穷之可能。小说中谓有一乞丐，得一鸡蛋，而思其化为鸡；鸡复生蛋，蛋再为鸡；以鸡易羊，羊复生羊；以羊易牛，牛复生牛；牛马成群，以易田地；田连阡陌，富比王公，而浸至甲天下。此即见财富之相引而无穷，尽可由此区区一鸡蛋而致；而一乞丐即可缘是而求自见其富比王公而甲天下于此鸡蛋之中焉。夫此一区区之一鸡蛋，自其现实而观，固不足以富比王公而甲天下，而自其可能孳生之财富而观，则亦实未尝不可相引而无穷无限量，而人即可以此无限量之可能，为其贪求爱恋之对象，而此无限量之可能，则固唯因人之心灵原具无限性，而后能思维之构想之，以使之宛然呈于此心灵之前者也。然此无限量之可能，又实非真实之可能，而实唯是此心灵之无限性之倒影。自真实之可能而观，则此中之每一可能，皆有可加以对消，而使之成为不可能者在。然人于此可加以对消，使之不可能者，尽可视若不存，而唯自沉酣于其所思之无限量之可能，并贪求其现实化，以期一日之真富比王公，而甲天下。此人之欲求具有无限量之财富，即人之欲由此具有，以自见其自体之无限量，宛然虚映于其中，正为由人之颠倒性而生，而见人生颠倒相之一端之事，读者一加细思，即皆不难了解者也。

乙、复次，人之好色，其理亦同于人之好利，而依于人之好一种可能，并同表现一人生之颠倒相者。人之好色，而只为好色相之自身，则同于美感，不得称为好色。好色依于淫欲而生，然所谓淫欲，其出于人之生生不已之真几，或自然之儿女之情者，佛家虽亦谓之淫欲，严格言之，尚未必为淫欲。唯其过度而不知节者，乃为淫欲。而人之所以有此淫欲者，唯始于对对方之肉体之贪恋。此贪恋之始，则盖始于人之宛然幻觉若有无穷之欢乐，可自此肉体中流出。而此一念，又始于人之尝客观化其欢乐，而视若来自此对方之肉体中者。此即已为其主观之欢乐之一倒影，依于一颠倒之意想而成者。此倒影既成，人遂宛然幻觉此对方之肉体中，具孳生此无穷欢乐之可能，而贪恋之情生。故所贪恋者似为肉体而又实非此肉体。此贪恋之情之所对者，实为一可能之欢乐，而初唯存于人之颠倒意想中者也。人唯有此意想，而后由自然之儿女之情中，化出淫欲。而好色之徒，其淫欲之必由一人以及他人，此亦非徒出自人之生物性之本能，而唯原于人之于一美色中见欢乐之倒影，即依类而推，于其他美色中，亦起同类之颠倒意想，遂由一及他，好色无餍，即佳丽三千，纳为己有，亦不知足。此皆缘自人之心灵，欲使其好色之活动，由有限以趋于无限，而同于人之贪无限之财富，皆见人生之最大颠倒者。而古之帝王，陈佳丽三千于后宫，虽明知非自己之所能受用，而不纵之使为良家妇者，则明为欲占据此一受用之可能。只占据此受用之可能，虽终身不受用亦无伤，此种贪恋更明为精神的，而非只为生理的也。

丙、人由其自然之儿女之情及淫欲，而得之果实，为子孙之生出。人之爱其子孙，亦初为自然之情，而后则化为佛家所谓嗣续贪。具嗣续贪者，其多子多孙之要求，亦无餍足，并必期其子又生孙，孙又生子，子子孙孙，永无穷尽。人之可由自然之爱子孙之情，以发展至嗣续贪，盖由人之子女，皆原为人之自身之肖像，而人即可于其子女之身上，宛然见另一自己之存在；由是而人即可执此子女，视之如我，而对之有一私爱。然此私爱，实非爱子女之为一独立之人格与生命，而只是爱其为我自己生命之倒影之投寄之所，此在根柢上，实唯是自爱。缘此自爱而生之对子女之私爱，进而望多子多孙，及子子孙孙之无穷尽，亦通体是一私爱，而出于望其自己生命之倒影，普遍投寄于无穷尽之未来之意想，而此无穷尽之未来之本身，又即原于人心灵之无限性而有之倒影也。故嗣续贪之所以为嗣续贪，乃纯人依其颠倒性而呈之颠倒相，乃非禽兽之所有，以成人独有之迷执之一端者也。至于中国先圣之教，虽重嗣续，然非为己身而求嗣续，乃为宗祀而求嗣续，此亦即所以易人之出

157

自己私之嗣续贪之一道也。

五、常人之好名心中之颠倒相

人之欲顺现实之有限者之所牵连，以化之为无限，而有之颠倒性相，不特表见于人好利好色及缘好色而有之嗣续贪之中，亦表现于通常所谓人之好名、好位、好权、好势、好胜等之中。而此名位权势胜等，则皆缘人与人之生活、生命及心灵精神之相接触，而为人道之所不能免者也。

吾人谓名、位、权、势、胜，缘人与人之相接触而为人道所不能免，此理实易知。盖人既相接，则互见其才智与德行，才智足利众而德足服人，人志之于心，则有名矣。才有大小，德有高下，而共相期许，则有位矣。大才役小才，大德役小德，则有权矣。彼有名而居位有权者，其言其行之既发，而人和之随之；未发而人望之待之，则有势矣。以才德相竞，以名位权势相竞，则胜劣彰矣。故有人与人之相接触，而人之才德等又有殊异，则名位权势胜，即与人道共终始。而人之互见其才德，乃志其才足利众、德足服人者，并为分其才德之位，而小才服大才、小德服大德，以及人之相竞以向上求进，亦恒根于人之价值意识之不得不然，而其原至清净者也。然则何以好名、好位、好权、好势、好胜，又为世所诟病，或视为人之大私之所在，而吾人又谓之为依人之颠倒性而表现人之颠倒相者乎？

欲答上列之问题，须知名位权势胜五者中，乃以名为先，位权势皆依名而有。而好胜之依于人之向上求进之心者，乃唯欲超越于已有之现实存在而进一步，此不必为对人而发，即对己亦有之。如我欲作一文以胜已往所作之一切文是也。其专对人而有之好胜，则或依于欲人之服我而我对人有权有势或依于欲得居高位，而就高名。故此下唯论人之好名，何以可成为人之大私之所在，而依于人之颠倒性而有。至于余者，则不拟多论。

关于人之名心之起原，我于论人生之毁誉一篇第五节，曾称之为人之道德感情之一虚映的倒影。此所谓道德感情，乃指呈露人与我心灵之形而上的统一，而通人我之心之感情。此感情之原始，乃一我之自动的同情他人、帮助他人，而于自心内部中涵摄他心，以成一内的统一之情。至人之求名心，则为求他人之称赞我，使我内在于他人之称赞中，而成一被动的受称赞者，以形成一人我之心之统一；而此统一，则又因他人之在我外，而只成为一外在的统一。故我于该文中，称此后者为前者之一虚映的倒影。但该文之说，尚有余义未尽。即此好名心不特其自身为一道德感情之倒影，其初实亦依于一道德感情而有。因我之名，初由我之才德之表现而有，我有才德而望人知之，此亦即使此才德之价值，为人所共享，而此亦初即一种我对人之施与，而即是一自动自发之道德感情。欲知由此道德感情如何竟化出一好名心，当循上来所说，在人既知我之才德之后，我即于他人心中，若见具此才德之我，存在于其中，又见人之既知我之才德，复留下印象，及关于我之才德之名言。此即为我之存于他人心中之虚映的倒影。此虚映的倒影之存在，依于我之才德之施及他人，而客观化于他人之心中，亦直接表现一人我心之统一，及我之心灵与生命之扩大者，因而有欢乐之感，相缘而生。此尚不必成罪戾，亦为我之有名之自然结果，而尚非好名。好名之心之起原，乃由吾人既于人心中见我之倒影，如关于我之印象及名言之存在，而生欢乐之感之后，遂依此欢乐之感，而对此倒影之存在于人心，生贪恋之意。于是进而虚提此倒影，即虚提此他人心中关于我之印象与名言之存在，而望其更存在于他人之以后之心，以保我令名；并存于另外之其他之人之心，以广我令名；进而望此令名常存而遍存于人心，以至天下万世之人心，而享令名于无穷。此方为好名心之所以为好名心之实相。而此中即有莫大之贪执、私心与颠倒。盖关于我之印象名言之存在于他人之心，原只为我之表现某种才德而感人之附从结果，此非我之才德感人之实事所在，亦非全部之我之所在，而原只为我所表现之才德，在他人心中之一虚映的倒影。今我竟视此倒影所在为我之所在，并求此倒影之常存而遍存于人心，为我之常存遍存，即我之自化同于此倒影而虚妄不实化。至于我之求此虚妄不实之倒影，存于天下万世之人心，以冀享令名之无穷，此无穷之欲之本身，则又依于人之心灵之无限性之颠倒而有，以为其倒影者也。

　　吾人如知好名之依人之心灵之颠倒，则知人之好位好权好势，皆同出于人之心灵之颠倒。然此亦无碍正位正权正势之所自生之本源上之清净，如实至名归之事，在本原上之未尝不清净。此中杂染之生，颠倒之起，皆其几甚微，而一念之差，则天地易位，是皆学者所不可不深察者也。

六、常人之求客观价值之心中之颠倒相

流俗之人或颠倒于货利，或颠倒于美色，或颠倒于名位权势。此一切颠倒，皆非禽兽之所能为。诸颠倒相互为用以充极其量，即成无限之私欲，而无穷罪恶皆由之以出。至人之所赖以拔乎此无穷之私欲罪恶，而逆此颠倒，再复人生之正位者，则人之求实现彼真理美善神圣之客观价值之事也。凡此诸客观价值，皆永恒而普遍，乃通古今四海而皆然，而不知其所限极者，遂皆足为人之具无限性之心灵之所依寄。如彼一微末之真理，一日如是，一年如是，万年如是；中国如是，全球如是，移之太空之星球，亦复如是；即不知其所限极，而堪为人之具无限性之心灵之所依寄者也。推之美、善、神圣，克就其本性而观，亦皆莫不具普遍性永恒性，而同堪为人之具无限性之心灵之所依寄，亦皆同为人心灵之所赖以得免于其他颠倒者。然人之求彼真理美善神圣之价值之事，仍有二者，终不得免于颠倒。一者为此诸事之目标之颠倒，二者为此诸事者恒执一而废百之颠倒。此皆自古及今，演而弥烈，茫茫前途，未知何所底止者。兹标以甲、乙，分别论

之于下。

甲、所谓此诸事之目标之颠倒者，即此诸事原另无目标，而唯以真理美善神圣之自身为目标。而人生之他事，实当以此诸事为目标者。然人依其心灵之超越性，亦可转而超越此诸事自身之目标，以别求一目标。而其所别求得之目标，正恒为人之私欲中之目标。于是，此诸事乃转为达此诸私欲之工具与手段。故彼庄生之大盗，"妄意室中之藏，圣也；入先，勇也；出后，义也；知可否，知也；分均，仁也"。则凡善德皆颠倒而为大盗之工具手段矣。美艺可冶容以诲淫，真知可发覆而射利，神道可骇世而成神权。当今之世，一切科学知识、一切艺术文学、一切人与人之互助合作，无不可为商人致富之资、野心家极权之用。古今之元恶大憝，灭人之家、亡人之国，而盗神圣文武之名，亦普天下而皆然；则人间苟无此美善真理神圣之客观价值，人之造孽尚不至此。此即庄生之所以宁"乘夫莽眇之鸟，以处圹埌之野"；吾亦而今而后，不敢言今日之人间世，必愈于太古之洪荒也。

乙、至于所谓人于求真理善美神圣等事中，执一而废百之颠倒，则其事亦易知。如彼知物理，而不知生理；知刚健之为美，而不知婀娜之为美；知狂之为善德，不知狷之为善德；知耶教之为圣教，不知佛教之亦为圣教，皆是也。下此以往，则谓天下之真理，莫高于我瞬间之所思；天下之音乐，莫尚于我此刻之所闻；天下之美德，莫高于我今日之尝救邻人之灾祸；是皆未尝不可。而凡此人之执一以废百之事，所以为不可者，皆以彼为

"一"之真或美或善，虽自其内部而观，皆普遍而永恒，通古今四海而皆然，莫知其限极；然自其外部而观，则毕竟只为一而非百，其外另有无穷无尽之真善美，而不容人之自限于其一。而此一，亦实不足寄此心之无限性之全也。然人之所以又恒不免于执一以废百，以一尘蔽天、一指瞑目者，则此中之理由，又不可惟以人甘于自限于一以为说。因其若只自限于一，则一中虽无彼百，而一亦未尝能蔽彼百，而废彼百也，实则此中人之自限于一，而又能蔽彼百废彼百者，乃原于人之既自限于一，同时即又兼举其自身之无限性，以自沉入于此一之中，而此一即鼓胀彭亨，以成一穷天地亘万古之至大无外之一；遂于其余之百，或一切之一，皆加废黜，如囚之死牢，永世不出，又如蔽之于一弥天盖地之无明网之下，而长夜漫漫，更无旦期。此乃唯缘于心灵之无限性之颠倒，以自沉入此一之中，而如自其内部，化此有限之一以宛成一无限者，方能有之事也。吾尝深观彼世之学者、宗教徒，以至文艺之士，及具偏见之道德家，其成见胶结于心之后，于相殊异之真理美善，如泰山在前而不见，雷鼓震耳而不闻，铁门千锁，不足喻其锢蔽；愚夫愚妇乃更耳目聪明，而心灵能四门洞达；盖尝百思而莫解。后乃悟此实缘于其心灵之原具无限性，而今已全幅颠倒而沉入其所知之有限者之中；彼已先入死牢，再复造一大死牢，撒下弥天盖地之无明网，以缚光天化日之下之豪俊，则亦使真理美善与神圣之价值世界，同归于尽而已矣。

七、常人之宇宙观人生观中之颠倒相

此人生之颠倒相，不特表现于人生之一切好利好色好名及求真理美善神圣之活动之中，亦表现于其人生观及宇宙观之形成之中。自此而言，则古往今来，人之全免于具颠倒相之人生观及宇宙观者亦几希。此皆可名之为人之颠倒见，今姑举四者为例。

甲、一者吾人可名为人将其自心之无限量，全推让于宇宙之颠倒见。原我人之自视其生也，最易由我身之长不满七尺，寿不过百年上措思。我人复思我一身外，有他人焉，有万物焉，有广宇悠宙之无穷无限焉；于是观我之在此宇宙，诚若太空之一粟，白驹之过隙，而至有限者也；则亦倏来而生，倏来而死耳。在一义上说，此我为有限之一见，本非颠倒见，然缘此而谓：我既在一义上为有限，我即不能在另一义上为无限，则为颠倒见。盖我之能在一义上自见其为有限，而知彼宇宙之无穷而无限，实即已同时在另一义上反证我之心量，能超出我之有限，通于宇宙之无穷而无限，以与之俱无穷而无限。当陆象山十余岁，读书至"上下四方曰宇，古往今来曰宙"，而顿悟我与宇宙同在无穷中，宇宙即吾心，吾心即宇宙。忆吾于十五岁时，读象山此言，亦憬然有会于心，而宛然见得此能知广宇悠宙之心，即与之同其广大，同其无穷而无限。今念此义，实人之精神才一警策向上，便可不疑，亦至易而至简之理。而人竟罕能悟及，终觉有限之我在此，而无穷无限之广宇悠宙在彼者，其故无他，即人心之执此我之为有限之一念，便与其他有限之事物为对峙；再依其对其他有限之事物之欲望驰求贪恋及畏怖，而更一念向下，以沉坠于此情识之中，于是并此与广宇悠宙俱其无限之心量，亦向下而沉坠，而唯面对彼其他有限之事物，而皆视为在我之外者矣。彼事物既在我外，于是彼涵摄事物而为事物所居之广宇悠宙，遂亦如全在我外；其无限而无穷，亦如全在我心量之外，与我脱节；而我之心量，亦如全无复此无限而无穷，乃只呈其有限情识中之心知，以外系于此有限之事物，内属于我有限之身躯而已。孰能再反省及此"知事物之为有限""知身躯之为有限""知此情识中之心知为有限"之中之"知"，仍为超越此诸有限，亦为能涵摄万物，与广宇悠宙同其无限者乎？此即缘于人心之颠倒，将其自身之"无限量"，全推让于宇宙，以只自居于有限，成一颠倒之见，而不自知其颠倒者也。此中问题，如自哲学立论，曲折尚多，论辩亦可千回百转。然要之必归于去此颠倒见而后已。而吾人真能在精神上一念警策向上，以顿超直悟者，亦无劳于此千回百转之论辩，而亦能自信不疑也。

乙、在常人之宇宙观中，唯物论亦为一最大之颠倒见。此唯物论不必为哲学之唯物论，乃主要指常识之唯物论的人生观。此乃由吾人之一念视此形躯为我，而又知此形躯，必赖物以养而来。夫我之此形躯，乃我依之以与世界其他人物相与感通之具；而每一感通，又皆依于此形躯之物质之销化，吾昔论之屡矣。唯依此物质之销化，吾人之生命心灵精神之活动，乃得生生而不已，其间之关系，固至微而至妙；然要不可言我之生命心灵精神，与我之所以为我，即同于此物质之形躯。然人依其日常之生活所成之习气，又恒使之直觉其自我如即此物质之形躯，故生心动念，唯以护持此形躯为事，关照警惕，千方百计，无微而不至。此盖初原于我之生命心灵精神之活动，既赖此形躯之物质之销化而后有，亦即赖于先有此形躯之物质，以资销化，故人之加以护持之事，亦理所不免。然人一念昧其所以护持此形躯之目标，而专以护持此形躯为事，此护持之事，即成一习气；遂谓缘此形躯之物质之销化，而有之生命心灵精神之活动，皆此形躯所孳生；人即坠入唯物论之人生观，而其心思，即转而千方百计，唯以护持此形躯之存在为事矣。人在此千方百计之用心中，其智巧亦未尝不可无限而无穷，而人亦同时视此形躯为无限重要者。此亦为依于人心之无限性之颠倒而有者也。

丙、常人之人生观尚有之一颠倒见，即为对已成事实，皆加以合理化，而以事实所在即价值所在之见。夫事实不同于价值，义本易明，人一加思索，无不能知之者。如一山水之存在，事实也；山水之美而可观赏，此价值也。事实可谓纯属客观而外在，而价值则必呈现于主观之心灵。事实之如此，乃实然，价值之如此，则兼当然。事实有不合价值之标准，或具反价值负价值者，故实然者不必皆当然，而实然者乃恒待于人之加以改造，方合乎当然。此固皆义至易明者也。然自另一方面言之，则人之一深植根于其心之倾向，即以实然者同于当然，以事实之所在即价值之所在；乃于其表面明无价值或具反价值负价值者，皆宛转曲解，以证其有价值。竟至以一切事实之实然，皆为当然而合理，更无待于人之加以改造。于是人乃无往不事苟安，或竟以随俗浮沉、阿谀权势，为立身之计，而名之曰，顺应潮流，承认现实。而哲学家中之以宇宙间一切之现实与历史之潮流，皆为合理，谓实然即当然者，亦大有人在。此皆同为人之颠倒之见者也。此颠倒之见之原，盖唯由事实之具价值者，人既遇之，而一念又忘价值之标准之在我，遂视此价值唯横陈于事实之中，如一客观而外在之对象。此已为缘于一主客错置而生之颠倒见。于是人乃进而以事实所在即价值所在，既有此执，乃于其明无价值而具反价值负价值者之事实，亦必宛转曲解其有价值，以自护其执。至于由此再进一步，以一切之现实、历史之潮流皆为合理者，则缘于人心之具无限性，故必于"事实所在即价值所在"之义，无定限的加以普遍化，而据之以观古往今来之一切现实事物之流行之故也。此亦实即依于人之心灵之无限性，而有之最大的颠倒见也。

丁、人之宇宙观及人生观中，另一种颠倒见，与唯物论似极端相反，而与以价值属于客观外在之存在事实之说相近者，则为视人之生命心灵与精神所求之无限无穷之真理美善神圣之价值，皆超越外在于人之上，以属于天国或神或上帝，而为人之自性中所本来无有者。此乃原于人之将其自性中实本来具有之无限无穷之价值，皆全部推让于超越而外在之天国上帝与神而生之颠倒见，而恒为世俗之宗教家之所持。缘此颠倒见，而人之自观其人生，遂尚不止于如唯物论者视为初无价值意义，而是视吾人之人生，唯是充满罪恶与孽障，而具负价值反价值之意义者。夫此类宗教家谓一切价值，皆属于超越而外在之天国与神或上帝，而又欲劝化世人，使其闻此来自超越外在之世界之福音，实依于望人之改悔，而亦预设人之改悔之可能，即：人有其能改悔以向往真理美善神圣之天性。如离此预设，则人将永无得救之期。吾人亦论之屡矣。而彼宗教家之所以为此言，如非姑作为方便之辞，使人自知其罪恶与孽障之深，而痛自湔洗，而视为诚谛之言；则此宗教家，即断然为自陷于颠倒见者。而此颠倒见之根原，则在其外顾世间，内顾己心，皆唯见一片染污黑暗，更无清净与光明，而不可一日居。于是其向往清净光明之心，即冒此世间与己心而出，以远扬于外；而一冒之后，黑暗复生，此求光明之心，遂中悬于外，如非我有，与我脱节；唯有望彼天光，以求依恃，而资接引；乃自回顾其初之向往光明之心之发，亦只视如由神心呼唤，圣灵感动，非由己出矣。此皆在宗教心理上，非不可理解。缘此心理以立说，则此颠倒之见，即自然成就。至此见之所以必须视为颠倒见者，则由其所依以立说之心理，虽一面冒出求光明之心，而实未能念念相续，泉原不竭；乃才一冒出，即如为继起之黑暗之生起，加以驱走，遂唯有中悬于外，更无归路，乃怅望天涯，冀彼天光。人之有此心理，即其罪孽深重之符征；而由此心理所生之思想，亦为其罪孽深重之表现。人在此之全不自觉其己心之具有内在之光明，而唯求远接彼超越外在之天光，更不自觉其能见此天光之光，必然由己心而出，且必与天光之大小，如如而相应。今乃并此光，而客观化外在化之，则此天光即为吾人之自心之光明所投之一虚影之所覆盖，而吾人视此虚影所覆之天光，为吾人之所托命，与吾人自己之所在，而不知由自觉其内在之光明之泉原，直接求超化其内在之黑暗，以自开拓其光明；此即为一高级之颠倒。此种高级之颠倒，与彼好色贪财者之求其自体之无限量，于其外之财富美色享用之无限量之中，虽高下有殊，不可道里计；但其为忘己而务外徇物，不免于追逐其自体之倒影于外，以成为人之颠倒性之一表现，则均也。

八、非常心态中之颠倒相

缘上节所论，吾人尚可次第及于世之宗教家哲学家及常人之宇宙观人生观中之各种颠倒见，如佛家所谓我执法执，即皆为颠倒见之所成。吾人亦尚可广论一切哲学上之诡辩及逻辑数学与形上学中之诡论，如关于无限数及自相矛盾之诡论，皆根于颠倒见而起。唯凡言及宇宙观人生观及人之知识中之颠倒见，人皆罕能直下心服，而不免于诤论，遂成为哲学上之专门问题。即上节所陈四者，人亦可生诤论，今不拟再多及。然要而言之，此各种颠倒见，皆各为常人之颠倒相之一端，而常人之颠倒相，亦尚皆为较单纯易解者。人生最复杂深邃之颠倒相之表现，则为在人之非常心态中，如心灵之变态或病态中，及天才与非常人物之心态中之颠倒相。此则要皆为：由人之不自一般所谓现实之人生活动及现实世界之事物之存在中，求自见其自己；乃反而与其一般之现实之人生活动及现实世界，若发生一脱节，而与之超离，乃于现实世界事物之不存在处或虚无处，引生出之心态，此诸心态之奥秘，恒非理智之光之所能测，吾人今更不能尽论，下文惟举其基本之形态三者以为例。

甲、一种非常心态中之颠倒相，为以意想中之可能者为现实而生之颠倒相。依一般之见，意想中之可能者，唯呈于内心，而所谓现实之事物，则兼呈于外觉。然依一般之见，又皆知当人之外觉既闭，如入睡之时，则平日意想中之可能者，其呈于梦魂，即皆宛如外觉所对之现实。是即证明，凡意想中可能者，皆可视如现实。如诗人之恒作白日的梦，而视梦境如真是也。然人作梦时，虽不自知其为梦，然因其有出梦之时，则梦醒仍自分明。而在一非常心理中，则可于醒时，将意想中之可能者，当下立即客观化之为一外在之现实；再想一可能，又立化之为一现实；而其转化之几，或竟可速如电光，以造成一天罗地网，非人力之所能逃。忆吾于青年时，不特身体多病，心灵亦多病，疑窦之起，迷离莫测。兹随文姑举出使我生大苦恼之二事，一者我尝疑我已不识字，所识之字，皆忘去净尽。此明为可能之事。而此可能，一日忽如对我顿成现实，觉我已目不识丁。乃持书而读之，以自证仍能识字。然将书放下，前疑又生，觉此方才自证能识之字，已即遗忘。此仍为可能，我又复为一目不识丁者。乃再读前书，如此者至三至四，终不能自证我所识之字之不忘。而我已成目不识丁之感，亦盘旋于前，而久不能去，遂生大苦恼。二者同居之人有失财物者，此明非我之所盗。然我忽念，彼亦有疑及于我之可能，而此疑亦立即顿化为现实，而我亦如忽化为彼判断为盗彼财物之人。我乃故作他言，以求自去我之心理病态。然方作他言，则我又念彼有疑我之作他言，乃以自掩饰之可能，此可能又顿化为现实，而如见彼在疑我之掩饰。于是我又更作他言，而我更念：彼仍有疑我以此他言，掩饰我方才之掩饰之可能……。此中，我所念为可能者之化为现实，即速如电光，如倾篋而出，以成一天罗地网，亦使我生大苦恼。对此二苦恼之根，吾尝思之而重思之。吾初思其皆原于吾之无自信，及不信人。继思此乃原于我之畏我成为目不识丁者，又畏人之说我为盗。此乃由于我之贪为一识字之人，与贪美名而恐恶名之及于我身。最后乃思及，此我之不识字以及为盗，原亦各为一可能之事。人固随时可疯狂而不识字，而人之深心中固亦皆原有为盗之种子与可能也。此二可能，原自可畏，亦非不能现实化者。吾人平日之不思其为现实化者，唯以在吾人在想此二可能之时，知其唯在意想中，而持之以与其他吾人视为现实之事物，相对较而观，彼乃虚而非实。然吾人之心灵，若忽然与吾人所视为现实者相脱节，而唯注视此可能，而沉入其中，则凡所思之可能者，即皆当下顿成现实。人之作梦与诗人之白日的梦，亦由此脱节而有。唯其入梦，不由于自觉心中之疑而起，出梦时又复自知，故梦醒遂不相杂，而历历分明。而上述心灵病态，则初即依于人之自觉的心中之疑而起。此中，人之心灵与现实者之相脱节，亦初为人之自觉的心中之疑之所为。疑之所布，如云如雾，凡有者莫不可无。疑之所着，为鬼为蜮，凡无者莫不宛有。疑可掩盖彼现实之一切事物以成虚，而托举彼意想中任何可能者以成实。疑之所自生，并不必皆有所以疑之理由，其外缘虽恒在人之不知应付现实事物之道，失其相与感应之机，而疑云顿起，致而有上述之一脱节；而其根原，则正在超越的心灵之原具无限性，故能超越一切现实事物之限制而莫之信，幻游于任何之可能者而视为真。然其所以幻游于此可能者而非彼可能者，则又由人心底之欲望、驰求、贪恋、畏怖，及其他或染或净之业力之所牵往。此业力之和，即人心底之意识之世界。因各种业力之强弱，与伴助之缘不同，而牵往之处亦无定。此一一之可能与业力，自其自身而言，又皆各为一有限者。唯此具无限性之超越的心灵，为此心底之一一有限者之所牵往而吸注，以沉陷颠倒于其中，乃有此幻游，而以此幻游者为现实，故仍皆为人生之颠倒相之表现。唯此种颠倒相之表现，亦不必导致世俗之烦恼苦痛，更不必导致一般之罪恶，而天才之幻游，更可见人之所不见，知人之所不知。唯因其兼以幻游之境界代现实，遂恒导致一特殊之人生疑情，与生活上之悲剧。而古今天才之诗人、艺术家、哲学家之悲剧，亦皆恒多多少少由其所幻游之境代现实境而来者也。若人将此幻游境与现实境，相代相错杂，而更无一念知其分别，人即入于疯狂。此即天才与疯狂之所以邻近。

至能出入于幻游境与现实境，而不使之相代相错杂，而去此中之颠倒者，则天才而圣者矣。

乙、再一种非常心态中之人生颠倒相，可称之为虚无幻灭之感中之颠倒相。人生而有欲，欲而不得，或得而复失，皆有虚无幻灭之感。然此虚无幻灭之感，恒暂而不能久，及其欲之再得，则此感又一遁而无迹。人更高级之虚无幻灭之感，则非由欲而不得，或有所失而生，而可直由其得而复得而生。如人之好利好名者，其以利生利，以名致名，而利日以增，名日以盛，可相引而无尽。此一般好利好名之人乐之而不疲者也。然今有人焉，如一朝自反省其贪逐此无尽之名利之历程，而自知其名利之增盛，步步皆不能自足，每一步之名利，皆为过渡至下一步之名利之手段，而下一步则恒在未来，而非己之所有；则可顿然悟到，此名利之增盛之历程，似步步有得，而实无所得。于是可一朝而照见其一生求利求名之虚幻。然由于彼平生之所习，又未尝真知名利以外之人生目标；则当其照见此求利求名之虚幻后，即将嗒然如丧考妣，如游子无归。此即为一更高级之虚无幻灭之感。再一种更高级之虚无幻灭之感，则为人之求真求美求善者亦可有者。如彼求真美善者而觉真美善无穷尽，又见昔所谓真者，今则为妄，此以为美者，彼则以为丑，及各种善之观念与行为之相冲突，此亦可使人于一切真美善，皆觉不堪寄心，而视若皆无足尊信，而于真善美之价值世界之存在，亦生一虚无幻灭之感。又一种高级之虚无幻灭之感，则由对自己之人生存在与其他一切存在，在异时异地或更换一观点，加以观看时，觉其皆同于不存在，遂即产生者。如我生于廿世纪而居香港，于廿世纪与香港观我，我固在，然离香港以观我，则上下四方，我皆无有；离廿世纪以观我，则古往来今，我亦无有。我为人，于人中观我，我固有；而离人以外，则万物中皆无我。今我果周遍世间以求我，则有我之处实至少，而无我之处则无限而无穷。此亦即吾人上文第七节所言之我之人生之为有限之一义，吾人亦未尝全加否认也。然此实尚非只为我之人生之有限之问题，亦为我之人生毕竟为有为无之问题。若我今只求我于无我之处，则我即毕竟无有。匪特我可为毕竟无有，而吾人求任何物于其所无之处，其物皆同为毕竟无有。简言之，即吾人果将一切存在之事物，皆一一参伍更互以求之，即世界即成一片虚空。而凡吾人所求者不在其处之处，其处之物虽在，匪我所求，亦同于虚空。若然，而果我之人生，专注于我之一所求，而此所求又不能得之于此世间，则匪特我所求者为虚空，而全世界之物亦成虚空矣。白居易诗曰："同心一人去，坐觉长安空。"因其所求者，唯在与同心一人相伴而已，彼不在长安，则长安空矣。然以其人去他处，故长安虽空，而世界尚不空。如其人已逝，另无同心之人、堪求之物，则世界亦空矣。

凡上述之种种之虚无幻灭感，皆人情所常有，并依其所自生，而各有其特殊之情调意味，辛酸苦辣，互不相同，而其表现为虚无主义之文学哲学之形态，亦极其复杂。然自此虚无幻灭之感，对身当其境者之效应而观，则苟有一焉，刻印于心，充极其致，吾人之起居食息，即皆成百无聊赖，味如嚼蜡；浸至形若槁木，心若死灰；再浸至觉宇宙如一大坟墓，天似棺材盖，地似棺材底，吾身在世间，如行尸而走肉；眼前唯见一茫茫昧昧而又沧沧凉凉之"虚无"，以寒澈吾人之此身与此心。然实则在此虚无幻灭感之底层，则有吾人之被阻滞之情欲焉，相荡相推而相代之追求焉，相矛盾冲突之价值感焉，相参伍更互而相否定相抹杀之存在事物焉。唯其皆相荡相推相代、相矛盾冲突而相否定抹杀也，乃初虽为此心灵所涵具，而终归于隐覆，以退藏于幽密，而冒陈于人目之前者，乃只此一片虚无而已。虽然，此虚无之自身之宛然有相，又非此诸底层之事物之所致，其原亦在超越的无限量之心灵之"虚灵性"。唯此虚灵性，非遍运于天地万物人生万事而虚灵不滞之性，亦非透明观照万物之虚灵性，更非涵盖乾坤之虚灵性，乃只虚而不灵，亦虚无而滞。其滞在其所涵覆者，皆相胶结而相梗塞。其涵覆之功，如古诗所谓"天似穹庐"，以"笼盖四野"之沙漠，更无润泽之德；而彼相胶结与相梗塞者，则生机可以相抵制而闭息。故此呈于前之虚无之无限，实为一荒漠之无限，此荒漠之无限，乃由其所涵覆之诸有限者之生机之相抵制，所拱戴而凸陈者。此亦即人之心灵自身中之诸可能之相抵制，而更无真实之表现时，所投出之一阴影。当心灵有真实之表现时，其表现之相继而无穷，即见其兼具能此亦能彼之德。当其沉陷于一特种表现时，乃能彼而不能此；又或求化其此或彼之有

175

限者，以成为无限者，至当其所能者皆相梗塞抵制，而无真实表现时，则为"此"者如只投射一阴影，以无（动辞）"彼"，为"彼"者，亦如唯投射一阴影以无"此"；乃既不能此，亦不能彼，而只现一非此非彼之纯否定，是即纯虚无也。故此虚无，亦即心灵原兼具之能此能彼之德，在彼此相抵制之状态下，而自隐覆时，所投出之阴影也。此阴影，亦其倒影之一。唯此倒影，以其纯属一虚无，而唯是以虚无相为相，故不同其他倒影恒附于一有限者，有特定之相耳。

丙、又一种非常心态中之颠倒相，吾无以名之，可姑名之为魔晕之虚无心态中之颠倒相。此乃人之利欲存主于内，而外运一纯否定之精灵之所成。如魔王居中，外呈光晕，而此光为虚无之死光，凡遇之者，皆形销骨化。此种心态，实人之所有，唯充极其量者，亦不数数觏。此乃人心中之地狱之坎底，盖亦即人生之罪恶之极峰，此与天堂之顶，同非人迹之所易到。然此心态之浅者，初只呈现为一种油滑相。油滑之人，非复难遇，而油滑之心，吾人亦皆有之。所谓油滑者，即于一切客观事物之存在与价值，无一有真实之肯定。凡其所似肯定者，皆方即而旋离，而无足感动彼而入于其心，又如凡往感动彼者，到其心前，即便滑落。此心于世界无真好、无真恶，而恒自旋转，便成一虚无之光晕，足以否定其外之一切价值与存在。然彼油滑而自旋转之心，则内另有所护藏，此即其中心之私欲。彼对此私欲，实胶固坚执，虽毫发亦不视为虚无；唯虑其外有夺其所有者，故宛转回护，而外运否定之精灵，自造一光晕以自保；而其生命遂得如丸之转，以滑行于世界之中，又如外涂油，使无能攫握之者。此乃以内之所胶固坚执者为存主，而外现一虚无否定之心态，故不同于上节之虚无心态也。

唯上述之油滑之心态，既唯在求自保，即亦未尝伤人。而人之运否定之精灵，以接世界之事物之另一型态，则为人之缘其私欲以生怨毒，对阻其私欲者，生瞋恨杀害之心。此瞋恨杀害之心，非特以自足私欲为目标，而是兼以见彼所瞋恨杀害者之不存在而虚无化之本身为乐。怨毒之发，连类所及，人所瞋恨杀害者，乃不知伊于胡底。故杀人之一身未足，并夷其族、墟其城、鞭其尸，以其头颅为饮器，而意犹未已。此实生于人之运此否定之精灵，以彻入于所敌对之人物与世界之中，而再任此否定之精灵之长驱直入，以为大乐之所存。而常人之幸灾乐祸，则事属于一类，唯小巫见大巫，又不可同日而语耳。

然人之运否定之精灵所成之罪恶，更有甚于上之所述者，此则为如彼好权之野心家，造成一铁桶天下之罪恶。此铁桶天下之造成，不必直接由其对任何人之杀害瞋恨及制裁与控制，而唯是设一格局，以使人与人互相制裁、互相控制、互相瞋恨，兼互相恐怖他人之杀害。此乃原于利用彼人与人之互相否定限制，以使人之外表皆如铁屑之相吸，而实则互相缚束，皆不能动弹，遂得结成一铁桶之天下。彼好权之野心家，乃得高居于上，而不虞人之叛逆，以肆其大欲。此铁桶之天下，自外表而观，亦可如海宴河清，光滑无事，而实则阴森暗淡，荒漠虚无，而唯是一否定之精灵之光晕之所惨照，而光晕中坐者，则为魔王。此则为人道之最大之颠倒，依于好权之野心家之非常心态，运其大否定之精灵而客观化之，以与一般之人与人之相限制否定中之诸小否定之精灵，相结纳之所成，如古今中外之极权政治是也。而凡世上用人与人相制衡之权术，以处世成事，自便其私，而非以此制衡，成就义道，使人各得其分者，亦同依于一心态。其中之机巧变诈，亦复杂万端，唯与上述者相较，又有小巫大巫之不同。此则吾等常人一念颠倒，依其世俗之聪明，皆能有之者。是见上述之魔王，亦未尝不窥伺于吾人之心底，而人皆可殒于深渊。呜呼危矣。

九、人生之复位

吾人于上文论五类之人生之颠倒相，固尚有不能尽。然大体上已足见。人生斯世，实无往而不可自陷于颠倒，而实亦时时处处，皆生活于种种颠倒之中。然于颠倒者，观其颠倒，乃正见而为非颠倒。反之，于颠倒者视为正，则此本身，实已是颠倒。而世之学者，更多不能免此。此又为人生颠倒之一种。复次，于颠倒观为颠倒，虽为正见，然颠倒之本身，却仍只是颠倒。颠倒乃邪而非正，颠倒亦枉而非直。故由人生之颠倒，以观人生，人生实大皆为邪生而非正生，为枉生而非直生，此亦即人生之所以可厌、可叹、可悲、可怜之故。自此而言，则人之生也，亦有不如无，苟有大魔王出，加以斩尽杀绝，其事虽酷，亦可使一切可厌、可叹、可悲、可怜之事，皆归于寂，而一切罪恶、烦恼、悲剧之染污，皆归于清净。然斯言也，亦为吾人之颠倒见，此又不可不察。盖宇宙如果有生人之理，则人类绝灭净尽以后有宇宙仍将再生此人类，而一切可厌、可叹、可悲、可怜之事，仍将再现，罪恶、烦恼、悲剧之染污，仍将再来，反复轮回，终无了期。原吾人之所以望人生之清净，唯出自吾人内心要求此人生自身之清净。今不从事于致此清净，而以无人类之存在，为世间之清净，此明为求此清净之虚影，于外在之世间，此正依于吾人之心愿之颠倒。而此无人类之世间之清净，又实不能与吾人内心之初所要求之人生自身之清净，相应合也。夫然，故人类之斩尽杀绝，亦不足以解决吾人之问题。吾人之问题之解决，仍唯有自如何致人生自身之清净，以由邪生以成正生，由枉生以成直生之本身上用工夫，而别无捷径之可寻也。

人如何可致自身之清净，由邪生以成正生，由枉生以成直生？此其道亦无他，即去一切人生之颠倒见颠倒相，而拔一切颠倒性之根，以使人之具无限性之心灵生命之自体，复其正位而已。而此事，亦固自有其可能之理在。

缘吾人上文之说，固极状人之颠倒性相之为害，然亦自始肯定此人之能颠倒者之自身，亦超越于一切颠倒性相之上，而非即此颠倒。一切颠倒之所依，如分别而观之，亦皆初非颠倒。盖一切颠倒之所依，乃在吾人之上有超越而具无限性之心灵，而此心灵又必求表现为现实之有限者；一念沉沦，顺此有限者之牵连，遂欲化此有限者成无限，往而不返，即成颠倒，而唯求自见其自身之无限之倒影于外。如人之好利、好色、好名，及对于真美善等之执一而废百，及一般之宇宙观人生观之颠倒见，如上述之第二、三种，皆同根于此者也。至于非常之心态中颠倒相，则或由于以意想中之可能者与现实者之相与错代；或由于所涵覆之诸有限者之相梗塞抵制，以唯见一虚无；或由于人之运否定之精灵，以成一虚无之魔晕；则皆由超越的心灵之阻塞其自然之表现于有限之现实之路道，亦皆原于诸现实之有限者，失其相与感应之机，皆被压抑而隐覆，而有限者与无限者之关系，乃成虚脱。上述之宇宙人生观中之第一种之视无限之宇宙，纯然在外，与第四种之以价值之根原，惟在超越外在之上帝等，亦表现此虚脱者也。夫然，故去此人生一切颠倒性相之道无他，即任此无限之心灵之表现寄托于现实之有限，而又不使此无限者沉沦入有限，而使有限者皆还其为有限，以相望而并存；复使无限者亦还其为无限，以昭临于有限之上；则皆得居其正位，以直道而行，而人生亦更无颠倒，其生亦皆为正生而非邪生，直生而非枉生矣。

今将此无限者还其为无限，有限者还其为有限之原则，落于实际，以论人生之实事，则义非玄远，而至平易。夫人之生也，自其现实之生命存在、各种活动与其所有者而观之，实无非有限。寿命百年，有限也；七尺之躯，有限也；生于此时此地，不生于彼时彼地，有限也；遇如此父母兄弟、山川人物，而非如彼之父母兄弟、山川人物，亦有限也；得如此之名利势位，而非如彼之名利势位，又有限也。真理美善神圣之价值无穷，而我所知所行，亦只如此而非如彼，是皆同为有限。此有限，即世间之存在者之节限，亦世间存在者之命运，为万物所不能免，亦古今四海之人所皆莫能免。即穷吾人之努力，以与如此如此之节限命运相抗，而欲逃脱之，使吾之人生由如此如此而如彼如彼，则此如彼如彼，仍为一有限，其为吾之人生之节限与命运也如故。则此人有节限命运之一原则，人终莫能抗，亦终莫能逃。跳死猢狲，仍归套里。愚者疑之，智者知之，而贤者安之。此之谓有限者还其为有限。然人在另一方面，则其能知此有限而安此有限，其心灵即已超此有限，而足自证其非任何有限者之所能限。我之寿命固止此百年，我亦只有此七尺之躯，又只生于此时此地，而不生于彼时彼地；然此百年七尺以外之千寻百丈、万年亿载，我之心灵固亦知其有；上天下地，往古来今，同为我之心量所涵，则此心量，固无限也。我只遇此父母兄弟，接此山川人物，固有限，然我之心灵，实亦知天下人皆有其所遇之父母兄弟焉，所接之山川人物焉。此心灵之量，固非我父母兄弟山川人物之所能限也。以此推之，我之名利势位之外，有他人之名利势位焉；我所知所行者之真理美善神圣之价值之外，有无穷无尽之真理美善神圣之价值焉；亦我之知其无穷无尽者，而亦见此心量之无限者也。人果能随处自证此心量之无限，以观其现实之生命之存在中之有限，亦观他人之现实之生命存在中有限；乃使有限者，皆各成其限，仁也；使有限者相限，而各得其限，义也；使有限者互尊其限，礼也；知有限者之必有其限，智也。而我之此仁义礼智之心，则意在曲成天下之有限，亦即自成其为无限。又我有此仁义礼智之心，人亦有之，充极其量，则又皆同其无限，更无相互之节限之可言；而以我之此心通人之此心，即仁也；谓人我同具此心，即义也；以我之此心，自敬，而敬人之此心，礼也；知人我皆有此心更不复疑，智也。我有此心，人有此心，而同其无限量，以相摄相涵，而此心之广居，在人我之中，亦在人我之上，而人我皆天之所生；则此心亦天之所与，天与人此心，而人再奉献之于天地，不私之为人之所有，则人皆得自见其心之即天心矣。知其心之即天心，以还顾其有限之生命存在，则此有限生命之存在，皆依此无限量之即己心即天心，以生以成，而为其昭露流行之地；则有限者皆无限者之所贯彻，而非复有限，以浑融为一矣。而一切颠倒之非人之本性，在究竟义为虚幻而非真实，亦至此而见矣。然人之知此义，仍当自使有限者还其为有限、无限者还其为无限，以使有限者与无限者，各居其正位，以皆直道而行始。

十、复位之难与易，及天堂与地狱之结婚

吾人于上节，已言人之去除一切颠倒之可能之理。称理而

言，有理则有事。理易明，则事亦不难致。然即事而说，则人欲去其一切颠倒，实难乎其难。夫人生固有正位居体之一境，圣贤是也。人果能有见于心灵之无限者，固皆可反观其此心，称理而试写描摹此境之言，如上文所描摹是也。然描摹此境，托之于思想之中，陈之于名言之际，知及不能仁守；而或自谓吾知已及，更不须仁守，乃以自玩其知及之境为事，以逞玄言，则此又成一高级之颠倒矣。然人不描摹此境，而只存之于心，以与世相接者，见彼世人之卑贱污陋，乃不能无亢举与我慢；而当其以拔乎流俗之心与流俗相周旋，举步皆成滞碍，又难免于矜持与意气。此亢举、我慢、矜持、意气，其状皆至诡，而可遍运于人生之由下至高之一切活动与心境之中，而实无特定之内容者。亢举我慢之状如溢如沸，矜持之状如握，意气之状如扑；乃皆原于无限量之心气之颠倒，而或凸陈于当下之有限之活动之上，或胶聚于一有限之自持之事之中，或欲自一有限之活动中鼓涌奋迅而出者。此又恒各为一高级之颠倒。人之欲去此二颠倒者，则又或更无向往，以同乎流俗，而流俗之心，又自有其颠倒。是见人之欲免于颠倒者，乃恒才出于此，又入于彼，前面拒虎，后门进狼。道心惟微，人心惟危，危微之几，一念而天旋地转，上下易位，诚哉其难也。至于人之才智愈高者，其心思之所及者，亦愈博而愈广，愈锐而愈坚，其人生之颠倒相，亦至繁而至赜，愈强而愈烈；如头重者，足乃愈轻，而动辄皆成颠倒，斯其见道愈易，亦行道愈难，尤可为深慨。此即世间宗教家之痛陈人生之妄见、无明与罪恶，以明人道之艰难之所以为可贵也。然宗教家又或谓人生通体是无明与罪恶，而非人力之所能拔，此又为一执人生之颠倒性相而生之颠倒之见。不知一切无明与罪恶之根，唯是此颠倒性相，而此性相之本身，则又另无所根。又依此颠倒之可去之理，则颠倒性，即毕竟非人之本性；而人之心灵之有此颠倒者，其自身之本性仍实未尝颠倒。至人生之一切颠倒相之无穷无尽而无限，此无限，实仍取资于此心量自身之无限而有。在一切颠倒中，人心所表现之力量，如一往沉陷于私欲偏执中之力量，及非常心态中一切有限者，相与错代梗塞抵制，而相矛盾否定之力量，亦同原自此心量。颠倒如水之逆流，而逆流中之水，即正流中原来之水。颠倒如人身之毒瘤，然毒瘤中之细胞，即健康之人身中之细胞。颠倒极于疯狂，而疯狂者之思想中之观念，即其平日之观念。知逆流中之水，原是正流中之水者，乃能导逆流以归正流。知毒瘤中之细胞，乃人身中之细胞，而使之还归人身之他部者，亦必能治毒瘤。人之治疯狂者，亦唯有自疏解疯狂者心理中之观念之纠结，使之各还其位始。故能知一切颠倒无明与罪恶所由构成之成分，初非颠倒无明与罪恶者，亦即能去颠倒。而知颠倒之能去，亦即知人之心灵之本性非颠倒。故上述宗教家之言，仍有一间未达。唯人之实求去其颠倒之工夫，又首赖于上所谓如实深观人生之颠倒相，而对之有如实知；宗教家之痛陈人生之妄见、无明与罪恶之言，吾人亦皆可取为成就此如实知之所资。如实知颠倒，即能不颠倒，如佛家之言知烦恼即菩提，知无明即明；则遍观邪生，即知正生；遍观枉生，即见直生；深缘地狱，即见天堂；一切宗教家穷彼地狱之相者，皆为儒学之一端。西方有诗人柏来克者，尝作诗名《天堂与地狱之结婚》，盖谓此人间即天堂与地狱结婚之所，窃谓天堂如父，地狱如母，地狱生子，还以天父为姓，以住人间。然天父若不能如佛之住地狱，而起大悲，又乌能生子？此即在一切宗教家言中，佛义之所以为深远。唯吾于此诸义，亦不能描摹过多，自陷颠倒。本篇文止此，本书止此，仍望读者观前诸篇文所陈者为幸。

一九六一年七月廿八日

外文人名中译对照表

Adler 亚德勒

Bruno, G. 布儒诺

Bentham, J. 边沁

Durkheim, E. 涂尔干

Freud 弗洛特

Hegel, G. W. F. 黑格尔

James 詹姆士

Jesus Christ 耶稣

Kierkegaard, S. 杞克伽

Marcel, G. 马赛耳

Marx, K. 马克思

Milton, J. 弥尔顿

Plato 柏拉图

Socrates 苏格拉底

Veblen 韦布伦

病里乾坤

目 录　CONTENTS

一九六七年二月十六日至三月三日于日本京都医院

每日在晨光曦微中，写约一节，十六日而毕

一
生世

吾少年尝慕白屋诗人吴芳吉先生之诗曰：

"呜呼！人生如朝露，百年行乐奚足数；安得读尽古今书，行尽天下路，受尽人间苦，使我猛觉悟！"吴先生十余岁时，为清华留美预备学校之学生，以校中当局开除某生，吴先生与其他数同学，共为之鸣不平，当局乃并加以开除。然其他数同学，后皆具悔过书得复学，吴先生独谓无过可悔，遂流落北平，为人佣工。后又转往上海书局，任校对。自此历尽苦辛，终徒步过三峡返川。其友吴宓、汤用彤等，既由清华资送至美国留学，乃共各以其留学公费之若干，供吴先生自学之用。吴先生遂年方弱冠，而诗文皆斐然可观，有声于时；年不及三十，而被聘为西北大学、成都大学及重庆大学教授。吴先生读中西之诗，而以杜甫为宗，思想则为纯儒。吴先生孝于其母，而其妻与母不和，时有难言之痛。其友吴宓尝离婚，亦尝贻书劝吴先生离婚；而吴先生答以诗曰："我辈持身关世运，夫妇之伦不可轻言离异也。"吴先生于西北大学任教时，适逢吴佩孚与刘镇华之战，西安围城者数月，居民皆以草根树皮为食。吴先生时在西安城中，每日皆正衣冠以待毙。又在重庆大学任教时，见大学士习败坏，遂辞去教职，回故里办江津中学。时江津中学之学生多信共产主义，叫嚣狂肆，不可终日，而吴先生以身作则，不一年而校风丕转。然吴先生亦以劳瘁过度，病殁任上，年才三十六也。吴先生之诗，今存数百首，世多知之。而其志之所期，则在为中华民族作三部史诗。第一部写大禹治水，第二部写孔子杏坛设教，第三部写创建民国之先烈之革命。惜所志未遂，而人间亦终不得诵此一史诗矣。吴先生与先父交，吾少年时尝亲见其为人，精诚恻恒，使人一见不忘；而其诗中之句，吾亦多尚能忆。上文所引之数句，既足状吴先生之一生，而尤足资吾之警惕，故尤喜诵之。

吾尝以吾一生之所怀抱，与吴先生此数句诗之意对勘。窃自谓吾一生素未尝有人生行乐之想，亦可谓尝行万里路，试读万卷书。然读书未能念念在得圣贤之心，行路未尝念念在于开拓自家之胸襟，尤未能如吴先生之志在历尽人生之艰险，受尽人间之苦难，以归于觉悟。悠悠一世，行年将六十。今回顾此一生之所经，在求学之时，既未尝有不得已而辍学之事。离校之后，亦无所如不合之感。吾平生固未尝志在温饱，然亦未尝有冻馁之忧，且随处皆得人缘之助，未尝有失业之虑。计三十余年来，薪资所得，除自养一身以外，兼有余财，以奉养吾母及诸妹弟，亦尝使我所识穷乏者，有以得我。南去香港后，并置有数百尺之楼宇一座，存书近万卷，使吾即在大学退休以后，亦有屋可居，有书可读。吾又尝自幸不特有贤父母，吾之妹弟，对我皆友爱备至。

吾之妻，更与吾之母及妹弟，协睦无间，使吾未尝有室家不和之虑。又吾自入中学大学及离校以后，皆乐得良师益友，相与扶持。今日尚存之师友，更多能全其始终之交，二三十年如一日。则以吾之一生，与吴芳吉先生相较，诚可谓邀天之眷，未尝有吴先生所经历之苦难，则欲有吴先生之觉悟，亦难矣。（一九六七年二月十五日）

吾自念吾一生所经历，其中固亦多可伤痛之事。如吾父之殁于乡中时，家人无一在侧，吾母病逝苏州，而吾亦不得奔丧。十七年来，羁旅异域，更时怀家国之痛。然此可伤痛之事，皆出于悲情之不容已，非同逼恼之苦难，使人不得不忍所不能忍，亦使人难于更发大心，以求向上之觉悟者。

若言吾生所受之逼恼之苦，唯在二十岁左右时，身体特多病。脑、肺、肠、胃、肾，皆无不病。吾年十四五岁，即已有为学以希贤希圣之志。于二十岁左右，更自负不凡；乃时叹人之不我知，恒不免归于愤世疾俗之心，故烦恼重重，屡欲自戕。然此时吾对人生之事之悟会，亦最多。吾二十二岁，先父逝世，吾更自念：吾身为长子，对吾家之责，更无旁贷，吾一身之病，乃自此而逐渐消失。又吾二十一岁，即已以文字自见于世，而世莫我知之感，亦与年俱灭。及至今日，虽时有对世俗之愤疾，然好名之心，已渐淡泊。此则半由己略为世所知，半由知"千秋万岁名，寂寞身后事"，亦原不足恋之故。夜深人静，偶念吾十八九岁时之烦恼重重，辄觉可笑。然三十余年来，于义理时有悟会，亦未必是真正之觉悟。前岁读朱子书，见朱子晚年恒以韩愈所言之"聪明不及于前时，道德日负于初心"自叹，更忽焉有警。唯吾去年罹目疾，缠绵病榻，已将一载，今犹未愈。此可谓历一人生之苦难。在此一年中，吾乃更于吾之一生，试顾往而瞻来，于人生之事，较有一真觉悟，而于昔年所读之书，亦颇有勘验印证，其中亦有足资吾今后与他人之警惕者。故今就所能忆及者，述吾在病中所经之心情之曲折，及觉悟者之所在，于后。

二
目疾

吾之病目疾，初惟忽感左眼上角之天，遽尔崩陷，而天如缺西北，当即赴医诊治。医谓此为视网膜剥离，乃极严重之目疾，必立即放下一切，先事休息。然吾仍照常上课，意谓必先了诸当了未了之事，方再谋医治。友人及学生来视疾时，辄笑谓不过左眼略病，吾有右眼，已足见广大乾坤，不足虑也。其时吾适已应哥伦比亚大学之约，原定四月赴美，更念美国医学发达，治此疾必较香港为佳。故旋即赴美。初至美时，与人谈及吾疾，亦未尝有忧虑之色。盖此疾之伤在眼底，自外而观，吾目固与常人不异。忆其时与友论学，谈及佛家之无明，即指吾目为喻。谓佛家所言之无明，要在指存于吾人心底之无明，非一般意识所及；正如吾目之无明之在眼底，非外观之所能得也。吾又尝戏谓吾之左眼（left eye）虽已 left，而右眼（right eye）固 all right，此又何伤于论学云云。

然凡此上所述吾病目时谈笑自若之态度，实皆貌似超脱，而别有虚怙慢易之情，隐约存于吾之心底；意谓此疾必可经医治而霍然。此匪特由于吾于隐约中，信现代医学之功效，更由吾于隐约中，先对此疾有预感；又于隐约中，意谓此中应有天意，使我之目暗而复明。凡此存于隐约中之意念，实则吾之貌似超脱，而谈笑自若之态度之凭仗，以为足恃，而不知其实不足恃者。以不足恃者为足恃，而更高举其心，故为超脱之言，即实出乎虚憍慢易之情也。

所谓吾于隐约中，于此疾有预感者，即吾之自发现有此疾，乃在一九六六年三月廿六日之下午。在当日之上午，吾为学生讲书，即尝突然及于《礼记·檀弓》中，子夏哭子丧明之一事。先此一月，吾作《中国哲学原论》序，尝论圣哲之最高境界，必离言以归默云云。按《檀弓》载子夏既丧明，曾子往见之，曾子痛朋友之丧明，乃与子夏相向而哭。然当子夏之自言其无罪，曾子即又面责子夏之罪。子夏闻过，乃投杖而拜。此皆具载《檀弓》原文。曾子痛朋友之丧明而哭，仁也；面责朋友之过，义也。曾子年少于子夏者十七年，子夏时年应已七十，乃闻曾子言，即投杖而拜，是诚不可及。吾当时为学生讲及此，乃以喻古人之师友之义，亦自念吾当兼学此二贤。吾昔年之多学于子夏之"日知其所无"者，今当更多学于曾子之"反求诸己"矣。然子夏不丧明，则亦无缘受曾子之面责，以自见其过；则吾今之目疾，盖正所以使吾得由反省，而自见己过，更从事于默证之功者。此非天意而何？天欲吾有此反省默证之功，吾目自当复明。此则吾隐约中所怀之自信，而初不知其亦为一虚憍慢易之情之又一端也。

（二月十六日）

三
超越心情与傲慢之根

　　然吾之虚怵慢易之情之所根，其隐约存于吾之心者，尚有更深于此上所言者。此则初原于吾在少年时之愿望、抱负，及若干突如其来之经验。此诸经验，亦初实未尝不可谓其自天而降。忆吾少年时，吾父母以客居成都，家中不设祖宗神位。吾父母尝习禅，亦不拜佛。吾尝从吾父母至佛道诸教庙宇，及杜甫、诸葛武侯祠堂，吾父母亦只命吾对塑像或画像，点头作礼为止。吾家固素不尚跪拜之礼，亦无事神之习也。吾年十二，始读《封神演义》。此小说之书，所述者乃神仙间之战争之事，原无宗教情调。吾当时读后，亦尝欲效之为一书，并臆造种种神仙、宝贝之名，亦初未信神佛之为实有也。然一日吾忽觉此满天之神佛，应为实有。遂一人在帐中，对四方之神佛礼拜。又尝以毛笔恭楷书吾所愿望得此满天神佛之佑助之事，于一纸之上，更深藏之于一小红箱之底。此愿望大率不出由对吾之一身至吾家，及对国泰民安之愿望之类。自兹以后，吾即恒自谓，凡吾真有所求，神必许我。忆一日与小学中之数同学，共往武侯祠。其时祠中常有驻兵，游人恒不得入，吾当时即对神灵表愿望曰：此祠中今日无驻兵。及至武侯祠，而果不见驻兵，遂大喜。吾当时之表愿望于神灵之事，其可笑大率类此。然吾之信有神灵之念，则初不由外来，乃纯为吾当时之所自发而更密存之于心底者。吾今欲自述吾后来所时有之对超越的世界之存在之感受与思维，及其他种种道德的向上心情，亦必溯原于此吾十二岁以前之事也。

今欲述吾之道德的向上心情，吾不能自讳其生发之早。忆吾年十四五，已读先秦诸子书。吾父更授我以《理学宗传》，吾家时住重庆郊外之大溪沟，吾尝一人读书于三层楼上，楼有回廊，可远眺四野。一日吾读《理学宗传》至陆象山十余岁时，即悟宇宙即吾心之理，当时即蓦然生一愤悱之感，而不能自已。于吾十五岁之生日，吾更遥念先圣之德，更念吾于华夏文化之重光，当有以自任。遂有二诗，自述吾志。其一之前四句为："孔子十五志于学，吾今忽忽年相若。孔子七十道中庸，吾又何能自菲薄？"下四句为："孔子虽生知，我今良知又何缺？圣贤可学在人为，何论天赋优还劣？"另一首之前四句为："泰山何崔巍，长江何浩荡！郁郁中华民，文化藏光芒。"最后结以"舍我其谁来，一揭此宝藏！"此则纯为少年狂妄之情。然今思之，亦未为大病。以吾中年后之心情，与此相较，则毋宁谓其乃日趋于颓堕。于朱子晚年之时引韩愈之言"聪明不及于前时，道德日负于初心"。吾亦今而后，方知言之深切也。

至于吾对超越世界之存在之感受与体验，则始于吾十七岁，吾父送吾乘船至北平读书之一经验。忆吾父既送吾上船，当夜即宿于船侧之一囤船之上，吾初固不感父子相别之悲也。及至次晨，船之轮机转动，与囤船相距渐远，乃顿觉一离别之悲。然当吾方动吾一人之悲之际，忽念古往今来，人间之父子兄弟夫妇之同有此离别之悲者，不知凡几，而吾一人之悲，即顿化为悲此人间之有离别，更化为一无限之悲感；此心之凄动，益不能自已，既自内出而生于吾心，亦若自天而降于己。吾亦以是而知人生自有一超越而无私之性情，能自然流露，是乃人生之至珍之物也。

吾少年时，更有之同类经验，为吾之所不忘者，尚有二三事。其一为吾于十七岁赴北平就学，时正当国民革命潮流澎湃之日。吾亦尝觉此革命为一庄严神圣之事，当时之青年之所崇拜者，即为孙中山先生。一日吾闻北平之民国大学，将重映中山先生在广州时之纪录片，吾遂往观。忆其时与众人共坐于一露天之广场之上，夜凉如水，繁星满天。吾乃一面看银幕所映中山先生与其革命同志共同行动之电影，一面遥望此繁星之在天。一念之间，忽感此中山先生与其志，皆唯居此地球之上；而此地球则为一甚小之行星，与此天上无尽之繁星相较，此地球诚太空之一尘之不若。何以此一尘不若之地球上之志士仁人，如今之银幕所见者，必洒热血，掷头颅，以成仁取义，作此革命救人之事业？此诚不可解。宇宙，至大也；人，至小也。人至小，而人之仁义之心，则又至大也。大小之间，何矛盾之若是？吾念此而生大惶感、大悲感。当时之心念之转动，回环于满天之繁星、所见之银幕及露天之广场之间，其种种之波荡与曲折，曾记之于日记，而此日记已不存，今亦不复更忆。唯忆当时之心念转动，皆与悲恻之情相俱，直至电影终场，吾之泪未尝离目，若与天上繁星共晶莹凄切而已。

吾少年时再一同类之经验，使吾一生不忘者，乃十九岁时，望月食时之所感。时吾在南京中大求学。一夕闻有月食，遂出门至校旁之一池塘畔观之。忽见池畔老幼居民，皆持土罐、铁罐；及见月初食，遂群举木棒击罐。吾初不知其故，继乃知此乃因俗传日月之食由于天狗食之，故人共击器成声，意在使天狗闻之而趋避。此乃人之所以救日月之光之道也。吾固知日月之食，不关天狗之事。果天狗能食日月于天上，则此人间之击器成声，又何能为？亦愚不可及也。然吾于当时未尝笑此众人之愚。吾惟念此诸老幼居民与天上之日月，相距不知几千万里，今何以必关心此日月之晦明，而以其区区之手，击此区区之器，发此区区之声，而望其能驱天狗，而复日月之明？此果皆因无此日月之明，则人之事皆不能成，而大灾害将至乎？吾意则不以为尽然。今试问彼击器之人，果皆是为虑灾害将至，方击器以驱天狗，而复日月之光乎？毋亦不忍彼日月之晦盲，即欲复其光辉耳。即彼为虑灾害将至，然后欲复日月之光者，其念人间灾害之源，在天上之日月，而寄情于日月，亦见此人之情之能自充塞于天地之间也。吾遂于"此人之情寄在此原为无情之天上之日月之处"，生一大感动。此正与吾上文所言之念人类之志士仁人之所为，而生之感动无殊。此感动中之种种意念，今亦同不能详忆。自此事后，吾有同类之感动者，尚有若干次。但吾在中年以后，知识日多，人事日繁，此类感动乃日少。及今于日月之食，竟漠然无感。则吾今之病目疾，其来亦固有由矣。

吾上所述少年时之数事中之心情，皆就其纯由自发，不由父母师友之教诲启发以得之而说。至于其由父母师友之教诲启发以得者，当别说，非今所及。而凡此所谓纯由自发之心情，当其发时，吾恒即多少感其如从天而降，非由意识之安排，而如为一超越意识、超越世界之呈露。然吾初固未用此"天"或"超越意识"或"超越世界"之诸名，以自解释吾之此诸心情也。又吾最富于上述诸心情之时，乃吾年二十左右之时。此时亦正为吾个人之其他烦恼最重之时。此其他烦恼如不见知于人等，皆纯由一己之私所发，然亦与吾之超个人之心情，如上所述者之发，互为因缘，乃使吾之精神，似日进而又日退。此尤为天下之至诡异而不可测者也。

所谓由我之一己之私所发之烦恼，可与我之超个人之心情，互为因缘者，盖由于吾少年时之超个人之心情之发，一面纯由自发，一面亦只对自己而现，而只属于吾个人之秘密。此诸心情，初非与人交谈之所生，亦不必更告之于人。而吾少年时在小学中学之同学，亦实罕有足以语此者，吾乃以此而恒有孤独之感。在吾之孤独中，吾固可时有一超越普遍之悲悯之情，以念及人类、众生与世界。然此悲悯之情，乃自上而下，以覆盖于吾所思之人类、众生及世界之上，则又未尝离于吾之孤独之心之外也。吾之同侪，不能知吾孤独中之所思，则吾尽可于独居之时，自与天地万物为一体，而视吾之同侪，为不足以知我者，而若与我为异类。吾益超凡绝俗，乃益见吾之同侪之凡俗。吾之傲慢，遂潜滋而暗长。忆二十岁时，尝夜梦一人独经地下，岩石层层，随身而破；更独上登于天，天门户户，随步而开；醒时尝为诗以纪之，有"穿回地壁层层破，叩击天门步步开"之句。而吾初不知其皆出于吾之自负能超凡绝俗之傲慢心也。吾更不知此傲慢心之正可与个人之好胜、好名之私欲烦恼，互为因缘；而使吾之心之发自天理者，终亦为济我之私欲之资，乃使吾之烦恼亦重于吾之同侪之上。然吾其时，则固不能自觉其故，而亦未知所以自救之道也。

四
如理作意与天命

此出自吾一己之私之烦恼之减轻，乃始于吾父逝世，而吾自知对吾母及妹弟之有责。吾由此而知一切人皆惟赖其具体之行事上，自为其义所当为者，乃能自拔于个人之孤独以外，否则人虽存希圣希贤之念、悲天悯人之怀，而不能自绝其一念反缘而生之自命不凡之傲慢，则人终为小人之归。此则为吾自二十余岁后，所逐渐悟得之义，而唯感行之未力，复时感旧习难夺，亦感有种种思想上之葛藤，尚难斩断。然由吾今兹之目疾，则十此史有较深一层之体认，今更述之于下文。

吾今自省，吾之傲慢之心习，在吾三十岁以前，最为炽盛。三十岁以后则渐趋减弱。此半由于自知其不当有而自加克制，半由于接天下之人之日多。盖吾接人既多，则所发现之他人之才德，为我所不及者亦日多，乃使我自然敛抑其慢心。至于我之所以能自知此慢心之不当有，则要在吾之渐认识理性之重要，而知如理作意。盖吾果如理作意，则自能知：凡我之所能与所有，皆与我为同类之人所可能有。纵有一崇高之经验，如我之尝自觉有种种纯由自发、从天而降之通于超越世界之经验等，此自理上看，亦他人所可能有，而吾亦不能臆断他人之必无者。吾自反省吾之此类经验中之心情，复见此诸心情，亦多原是依于吾之不自觉的或超越自觉的，尝如理作意而生。如吾由吾一人之感父子离别之悲，而顿念天下人之同有此悲，即依于吾有一人之悲之时，于一念之间，已如理作意，方知人之同有此悲也。人若不能如理作意，以生其心，生其情；则其心情惟局促于卑近，更何有具普遍性、超越性之崇高经验之足云？然吾能如理作意，以有此经验，亦当更如理作意，以知凡为人者，同能如理作意，以有此经验。吾今之知此经验，原于吾之能如理作意之理性，而悟及此理性之存在；则亦复当如理作意，以知人之同有此理性，亦同能自悟其理性之存在。此中之如理作意，虽有种种之层次，然实亦为同一之理性之自然转进而有之表现。此中之高层次之表现，纵或为人所未有，吾亦可由吾之如理作意，以知人之能有此表现。则自理上看，吾决无自高举其心，以对人傲慢之理。不仅吾无对人傲慢之理，即天下之至圣，亦无对凡人傲慢之理。盖彼至圣，亦必依理而知其能为圣，他人亦同能如彼之圣。而天下亦实无傲慢之圣贤也。凡此诸义，吾亦可自谓至少在理上，能知其为颠扑不破。吾之所以渐能自知其少年时之傲慢狂妄之心习之非者，正半由于此。

至于吾之所以又仍觉此旧习之难夺者，则由于此对人之慢心，吾在理上，虽已深知其不当有；然在事上，则吾仍未必能时时皆以理自持，而去之。而此旧习之另一表现，乃为由我之对人之傲慢，而高举其心，所化出之对人间事物与自然事物之一般的轻慢心。此轻慢心尤不易去。此轻慢心之一种表现，为视事物之变化，可不必待我之努力，而自然顺吾之意愿之所及而演变。凡人之自谓我生有命在天，天必不违吾愿，其根源皆在此种慢心。又人之自负其才德，或自感其心之已通于天意、天德者，更可于不自觉间，自视为负有上天之使命；而其行事，亦将自天佑之，吉无不利；乃即在忧患之中，亦恒自谓此忧患之必可由天佑而解；而天之所以使人遇此忧患，亦皆天之欲其先生于忧患，然后使之死于安乐，而加以玉成。然实则人之自谓有命在天，必有天佑，正为人之傲慢心之一种表现。此乃人所未必知，而亦吾之昔所不知。吾平昔之恒意谓其所遭遇之一切苦厄，应无不可解，及此次在目疾中，自信吾之所以有此目疾，其中有天意存焉，天意终当使吾目复其光明云云，即皆为此种傲慢心之表现，而为吾之初所不自觉者也。

然谓人之觉有命在天，必有天佑，纯出于人之傲慢，此中亦有种种思想上理论上之葛藤，待于清理。盖人固原可感有天命天意之存在。贤圣人物如孔子，尝谓"天生德于予，桓魋其如予何"，即一"有命在天"之感。耶稣之自谓为上帝之子，亦上帝差遣降世者，释迦之生而自谓"上天下地，惟我独尊"，即皆"有命在天"之感。世之英雄人物，如刘邦之"威加海内归故乡"，而自谓其成功"岂非天哉"，亦是此感。近如梁漱溟先生亦尝与其子书，谓其在抗战中行经各地时，所以历危难而不死，乃由于：若其死，则中国历史将倒退云云，亦是人之有此感者之一当代之例证。至于对人之有此感者，是否即皆谓之为傲慢，亦甚难言。而自客观上纯理论的讨论是否有天命、天意之存在，亦说有多端。大率人之有此天命感者，皆多少具有一超越而自谓为大公普遍之宇宙性的心情，而自觉其生命之在世间，负有某一种使命，自谓为当完成、不得不求其完成而亦为必完成者。宇宙中之人间社会与自然界之事物，亦当然地并必然地，虽历经曲折，而终将归于因缘和合，以使之完成者。此中，吾若谓：人自觉之使命，纯为主观之事，客观宇宙中之人间社会，与自然界，乃独立于此主观自觉之世界之外者；则谓有天命、天意，以使人之使命，必得完成，宜属无征之说，当谓此主观自觉之使命得完成与否，纯赖机遇，即纯为偶然。至若问其是否为当然，亦只能对主观自觉之标准而说。若自客观世界言，则完成也罢，不完成也罢，皆只为一实然，无所谓当然、不当然也。此即一般经验主义者与科学家，对此问题之观点，而亦似最易言之成理之说也。

然自另一方面言之，则凡人之存于其主观自觉中之理想意愿，既必求实现之于客观世界，而经人之努力亦多能实现于客观之世界；则此客观世界之事物之变化，自亦原有契合于此理想意愿之所向之理。若其果有此理，可经吾人自身之努力，而使之合于吾人之理想意愿之所向，则其何以必不可不经吾人之努力，而唯经客观世界之自然演变，以契合吾人之理想意愿之所向，而助其完成乎？世间既有在客观世界之事物之因果线索上看为必然，而人之遇之为偶然，而合乎人之理想意愿上之当然与必然者；则安知此非由于宇宙中更有一高层次之理，兼通于上所谓主观之自觉与客观之世界，亦兼为此二者之所依，以使二者得其自然契合之途，而此理之所在，即天命天意之所存乎？若世界果有此天命天意，则人之感其存在，而自谓有命在天，其行事必邀天佑，又皆不可说为傲慢矣。

对此上之说，吾今不拟深论其是非。然吾意仍偏向在说人之自谓其"有命在天，必遭天佑"之感，为出于一般傲慢之情。即宇宙确有此上所述之天命天意之存在，人亦不当于事先感其存在。于此天命天意之二名，亦当另作别解；然后其奉天命、承天意之事，乃得免于傲慢之罪。此则吾将申说于下文者也。

吾意客观世界之事物之变化，固有其合于主观之理想意愿之理。而人之意愿理想，若果依于一超越普遍之宇宙性的心情而发，亦固更当有客观世界之事物之变化，与之相合。而此中之合，则可经由人之努力而致，亦可由客观事物之自然演变而致，若有天意存乎其中者。然人之欲不经由其自身之努力，徒望天从人愿，或惟念在此天从人愿；则初原于人之自身努力之懈弛，而欲贪天之功以为己力。此又实无异欲客观世界之事物之演变，皆自然顺从我之理想与意愿，而无异于欲天之唯以侍奉我之意愿理想为事。此即一对天或客观世界之一大傲慢。人之真有超越普遍之理想意愿者，固可自谓此理想意愿之自内而发，亦即从天而降，而原于天命。然人之此类之意愿理想，亦有种种。当人之一种意愿理想，未能实现于客观世界，而天不从人愿时，人未尝不可转而抱另一具超越普遍之意义之理想意愿，而亦视之为天之命于我者之所在。如人之抱救世之志而不遂者，虽不能申达其志以兼善天下，未尝不能由穷以求独善其身是也。若吾人必谓唯在天从吾最初之愿时，乃见天命天意之所存；则无异限天命天意于吾初所怀之意愿理想之中，而此即无异卑视天命、天意所在之范围之广大，而为吾人之对天之大傲慢也。

由上所言，故人之一全无傲慢心之对天命天意之态度，即应为于任何顺或逆之境，皆能见天之有所命于我，而即于其命于我处，见天意之态度，此中所谓天命、天意之所在，亦即吾之自内而发之依超越而普遍之心情，以自命于我，或自生于我之理想意愿之所在之别名。人亦唯由此而后知所谓客观世界无论从人愿与否，皆未尝违人之愿，亦即未尝不皆从人愿，而见天之无往而不从人愿也。

由此上之义，以观圣贤之受天命，承天意，则亦当非谓圣贤之一度发心，有某理想意愿，天必从其愿之谓；而只是谓圣贤在任何顺逆之境，皆有以受天命、承天意之谓。孔子之谓："天生德于予，桓魋其如予何？"此非谓桓魋之必不能困厄孔子，而是即在此困厄之境，孔子固自知所以处此困厄之境，而无所忧惧。故桓魋终不能奈孔子何。释迦之所以生而谓"上天下地，唯我独尊"者，亦当是谓释迦无论在天地之何处，皆有以自见其德行之尊。耶稣之所以为上帝之子，由上帝差遣，亦由其能无往而不行上帝之道。此皆非谓此诸圣贤之一度所怀之意愿如何，即足使此人间社会与自然界之事物，皆莫之敢逆，如实有全能，以宰制宇宙之神圣之谓也。

五
忧患与死生之道

此上所论，吾于昔年论文中，已多及之。人欲知其义，亦非难事。然人真知其义而信之，更依之以行，不作一般之天从人愿之想，而于一切顺逆之境，皆知当有其所以自命之道，而即此以言天命天意之所存，则又为大不易事。吾在目疾中，即尝试依此义以自定其心，而后知此中之知易而行之实难也。

当吾之目疾之始，吾固意谓其必可愈，并以为天之所以使我得此疾，正所以使我于失明之际，更从事于反省默证之功。然当吾初就医诊断之后，医生即尝言其疾之严重，治愈之希望不大。当初次手术幸而成功之后，三日后网膜又告再度剥落。吾遂感此疾之是否能愈，乃属偶然不定之事，而无预期之可必。而所谓天之借此以使我更有反省默证之功，以更使之复明，亦纯属吾主观之幻想，亦依于个人之平昔傲慢狂妄之心习，而不自觉地自然冒起之妄见。吾乃依上文所述之义，而试思：若吾之目疾不愈，我当何以自命，而即于此以见天命天意之所存？孔子言"素患难行乎患难"，吾今将何以行乎此一患难之中，以达于孔子所谓无入而不自得之境乎？孟子言："天将降大任于是人也，必先苦其心志，劳其筋骨……行拂乱其所为，……所以动心忍性……然后知生于忧患而死于安乐也。"此非谓天先预定生于忧患者，必使之死于安乐，以使之成大任。而唯是谓：人由忧患而尝实有动心忍性之功者，则自能尽心知性，以有其义理之悦心，故能死于安乐。然我今如不能复其目光之明，又将如何用此动心忍性之功，以使吾得死于安乐乎？此则吾于养病之事，为期愈久，用心愈深，而愈感其不易者也。（二月十八日）

吾之所以大感处吾之目疾之忧患之大不易，不只纯由吾目疾之现状之如何，而要在此目疾之演变中，所包涵之种种可能有之更坏之结果。然此正为忧患一辞之义之所涵。以吾之目疾之现状而论，则即在最严重之情形下，左眼亦未全然失明，而右眼则始终健康如常。然依吾所虑之吾之目疾可能有之演变之结果而论，则吾不能无一极深之忧患之感。盖据医生所言，凡一眼之视网膜剥离者，其余一眼于二三年后，即有与之同病之可能。若然，则吾亦有二目皆失明之可能。吾即自思，若果至此时，吾当何为？我并更设想：吾今已至此境地，而自思吾今当何为。吾初固尝试念即吾之目不能见，此不过失一感官所接之世界，吾耳固能闻，手固能触，而心固能思义理之世界，而从事于长期之反省默证之功也。吾又念如来于肉眼之外，更有天眼、慧眼、法眼与佛眼，则吾又何尝不可更有此余四眼也。然实则此所试念者，纯为浮泛之想，毫无深切感。吾乃继念：若吾目果失明，非特失一感官所接之世界，吾将不能见我所亲所敬之人，与所爱所美之自然，吾将不能自读圣贤之书，亦不能自写书，而亦不能见我自著之书。此则将如贝多芬之晚年病耳聋，而于他演奏其自著之音乐，而掌声雷动，皆不复能闻；亦将如尼采之经疯狂十年之后，人告之以曾著书多种，而尼采已不复忆，而不能识。吾纵得还归故国，亦不能再见故国之山川，即赴吾父母之墓前拜扫，亦将不能知此墓之情形之何若。则吾与吾之妹弟同往拜祭之时，吾妹弟将大恸其兄之失明，必将执吾手而泣。当吾念及此种种之时，而吾对此区区之目疾，乃渐有深切之忧患之感矣。然吾今将何以御此忧患之感乎？吾初之所以御此忧患之感之道，乃缘上述之想象，更迈进一步，以思吾即在将死之际，吾将如何对付此死之来临。而吾之意念即转而念古之圣贤之如何对付死之事。果吾能对付死，则上来一切之忧患，应亦皆能对付。于是孔子咏歌而卒之事，曾子临终易箦之事，王阳明死时自谓"此心光明"之语，高攀龙死时"心如太虚，本无生死"之言，刘蕺山死时之"君亲念重"之语，皆一一顿现于吾心，而如亲闻其语。苏格拉底死时之除畅论不朽之理外，临终特告人谓尝欠人一鸡，请人代为之还，则尤对吾有一深切之意义。

吾念人之对付死之道，在态度上，固当学圣贤之安详。然行事上，则当学苏格拉底偿还对他人之负欠，了未了之余事，而后人之一生，乃得来去洒然。吾因念吾之平生行事，亦实尝欲一一阶段之行事，成为有始有终，而可了然清白者。吾自谓此乃吾之一美德，可述之以为世范者。

所谓吾之欲使吾一一阶段之行事，成为了然清白者，乃指吾之在离去一地时，必将应了之事，力求其了，并将遗留之事物，整理清楚，使之明白呈现于心而言。此则始于吾于北平读书，后起程转往南京之时。忆当吾离北平时，吾即将所遗书物，一一整理清楚，以寄交一友人处。自此以后，凡吾离一地，皆未尝仓卒就道，而必将其处所遗之物，一一有所整理，而交代他人。忆吾最后一次离南京之日，吾校中宿舍中，仍留种种杂物。然食物多已食尽，惟存米约一斗。吾即置之于一箕中，而移之于屋之中央。然后将钥匙交当地友人而后去。及今十七年，此一箕中之米，仍如历历在念中。实则吾离南京后，即更不复返。此一箕中之米，早已不知何方去矣。

　　程伊川先生尝谓"能尽去就之道，则能尽死生之道"。吾则尝思：能尽离去一地之道，则亦能尽死生之道。此道无他，不外来去始终之清白耳。人生之忧患，莫大乎死，其他之任何忧患，皆不足与死相比。人有其他之忧患，而尚生，则必尚有不忧患者存。人之有其他忧患，或不可免或可免，而死则人所必不能免。茫茫世界中之人，无一非未定死期之死囚。人能知所以对付必然不可免之死之忧患，则亦无忧患之不可免矣。

　　人将如何对付此死之忧患？吾意此初非只是对死而观，以死之本身无可观。此初当在人人之念及其将死、必死，而更撤回其心念以反观其生，而于其生中未了之事，在未死之时，尽力以了之。此即人之所以自遁于死之外之首道也。

吾在吾之目疾期中，既移转其心念，以求对付死，并知对付死之首道，在回念吾生中所未了之事，而尽力求其。故吾常于病榻之上，思我所未还之信债、文债，及其他人事应酬之债，嘱吾妻代为了之。又尝勉力更改所作之文，以使之较无遗憾。……然吾之大苦，则为发现此欲了未了之事，终无了期，宛若苏格拉底之尝负欠人无数之鸡，而终不能还尽。则吾将如何了此"终无了期"之事乎？对此问题，吾殊不愿以轻率之不了了之为答。因当了之事，终为当了。唯吾亦可以吾今之力所不能了之事，为吾今之所不当了。吾当先求有能了事之能力，方从事于了事。故人在病中，当先自养病，以求其有了事之能力。然此亦非谓：人于当了之事，即以不了了之，而更忘其为当了之谓。于是吾乃更转吾之意念以一面从事养病，一面更求：在吾力不能了事时，如何对付此"当了之事"之道。合此二者，遂逼使吾之思想，更向一永恒之世界进行矣。

所谓当了之事终为当了者，可以吾之文中之错误，当须改正为例。吾固可谓在吾养病之时，吾无力加以改正，吾当先养病，以求有此力。然吾亦不可以此而谓此错误之不当改正也。当改正，而吾又以当先养病，故不能加以改正。此即形成当然世界中一不可解之根本矛盾。此一根本矛盾，在一切人之能力与人所视为当实现之理想意愿相悬距处，无不有之。而人所视为当实现之理想意愿，无尽无穷，即人所视为当了未了之事，无尽无穷。此诸理想意愿，当了未了之事，与人之能力之相悬距，亦无尽无穷。则此中人所感之矛盾，亦无尽无穷矣。

　　人之能力固原为有限。然人在健康之情形下，可不真自觉其有限，因其可将其无限之意愿理想中，若干有限定范围之理想意愿，加以择出，而次第求实现。然人在疾病之情形下，则此有限之能力之自身，即先自向萎缩之途而趋。人之能力与其理想意愿间之矛盾，乃尖锐地显出。人在病中，当以养病为先，此非特为事所必需，亦理所当然。此与事之待了、待作者之为当了、当作，同为理所当然。此二当然者，自相矛盾，此则非一般之道所能加以解决者也。

六
理与事

　　吾对上述之矛盾，尝思之，而重思之，乃顿发现：柏拉图式之理法界之客观存在之信念，为唯一解决此矛盾之道。凡当了、当作之事，皆自具其当如何作之理。此理之永恒存在而不改，实吾在力不能了所当了、作所当作时，所当深念、深信。吾之以自感力之有所不能，而以不了为了、不作为作，而自谓当放下其欲了之、作之之念，实非单纯之求放下。此实乃放下之于此永恒存在而不改之理法界之理之前也。此有如吾今力不能改吾文章之错误之处，吾固唯有放下。然此错误之处，必自具一当如何改方免于错误之理。此理固不以吾之未尝改之而不存。依此如何改之理，则天地间自有一无此错误之文章，为天成，而不须改者在。此天成之文章，吾不能得之，或他人能得之，神灵能得之。纵他人神灵皆不得之，其自身自在，而他人或神灵可得之之理，亦自在。此一种理法界自存之思想，其中自有种种葛藤，待于曲折之思维。然吾在此次病中，则更直感此理法界之真实不虚。吾并直感人唯在念其真实不虚之时，乃可言世所谓"放下"。吾感一天成之文章，自在天壤，吾乃可放下此改文之事。吾感任何当了当作之事，其当如何了、如何作之理，自在天壤，吾乃可放下一了之、作之事。昔陆象山与门人步月，而叹朱子之不见道。门人问：何不著书以待后世之论定？而象山竟改而答以：道不以有朱元晦、陆子静而增，亦不以无朱元晦、陆子静而减。当陆子之步月而叹时，固未尝不欲使朱子见道。朱子不见道，象山之心愿固未了也。然象山于此之所以终能以不了为了，而放下必使朱子见道之念者，唯因其念道之在天壤，原不以人而增减耳。若象山于此不念此道之在天壤，象山亦未必能放下也。

吾昔常念此只信理法界之理自在之思想，虽可使人于理上看觉无憾，而于事看，则终不能使人无憾。象山不能使朱子见道，则终缺了使朱子见道之一事。吾不能自改其文章之错误处，亦终缺此了改错之事，即有天成之文章，仍无人成之文章。缺了一事，即遗了一事之当为之理。然在吾此次病中则更悟一义，即此中之"不能有事"，其本身正是理。人之不当求有事，其本身亦可正是理。吾病中固当先养病，而不当往改文章。象山力不足以服朱子，固不能，亦不当必求所以服朱子也。于理不当有事，而必求有事，则违理。反之，则"不求有事"之事，正所以顺理。此"不求有事"之事，既顺理，而亦是事。则不得言此中无事。唯此"不求有事"之事，乃于理无违。此无违，亦自是天地间之事。无违即无憾也。

然吾人之心思中之疑虑，仍恒不能自此而休。人总意谓了一当了之事，为一当为之事，客观上看，总较只有一当如何了，当如何为之理之存在，为多一事。如实有一无错误之文章，较只有一天成之无错误之文章，为多一事。然吾此次在病中，则更悟此中之所谓多一事者，实未尝多。因在事上看事，乃无不毁者。事之无不毁是理，亦是事。此即佛家所言之事无常性也。知事无不毁，则知多一事，亦多一毁事之事；而多者未尝多。吾因念天下之事，无不类吾离南京时置米于室之中央之事。此事，此米，今果安在乎？吾之所以为此事者，唯所以使吾之来去清白，而自尽其心。而人生实亦除自尽其心以外，更不能有所事事。尽心者，为理所当为，不为理所不当为而已。则多一事未必胜于少一事，为一事未必胜于为一无事之事。一切唯当以顺理或违理为准。然人之恒情，则偏尚于有事与多事，虽则于理上已知前文之义，而于事仍不能安于少一事与无事。此则赖于修养之工夫，非只从思想理论上所能办者也。

七
习气与病

　　缘上述之义，吾乃得勉于放下一切事，以从事于病中之静养之工夫。而在静养中更反省，吾人之心所以恒偏向在有事及多事之故，初不关乎理性的思想，而实原于吾人生活之习气。即吾人所视为当了当为之事，亦常非真是当为当了，而是依此习气为根，而化身以出之意念。此义固吾所素知，然在此次病中，则更有较深切之体验者也。

　　大率吾人之生活，随时间而流转，每作一事，即留存一以后在同类之情境下再作之趋向。此即昔贤如刘蕺山所谓心之余气，是为习气。一事屡经重作，则习气愈增。如人心能自作主宰，凡事之作，皆依理为权衡，以定是否当重作，则由习气所成之习惯，亦可省吾人之重作时所用之生命力量，而未始无用。然当人一念不能依理，以自作主宰时，则习气自尔流行，而人乃有一纯依习惯之行为，吾人虽明知其不当有，而若不能不有者。当人在闲居静处之时，则此习气之流行，即化为无端而起之联想的意念之相续不断，而此联想的意念中，则恒夹杂欲念，与之俱行。此诸联想、意念、欲念，相续不断，因其所根，在过去之习气，恒不能化为现在当有之具体之行为，以通于客观之世界，以有其价值与意义，故纯为一妄念而浪费吾人之生命力者。此习气妄念有种种，亦有种种不同之方向，如东西南北之无定。又时或互相冲突，即又为分裂吾人之生命力，以使其难归统一，以成一和谐贯通之生命者。此亦正为吾人之具生命之身体，所以有生理上之病之一根源，而为吾昔所忽视者也。

对吾人之身体，吾人恒视之为一形体。此形体固宛然具有统一性。然实则此身体之形体之构造，亦分为各部，而各部各有其机能、作用与活动。所谓一身体之形体，即此诸潜伏的或显出的机能、作用、活动之集结，配合和谐以成一宛然之整体。人当有一意念以引动身体之活动时，则人之身体之活动，即顺意念之所向，而亦有一活动之方向，而身体之机能、作用，亦咸向于此一方向。在一意念行为生起之后，如此意念行为停止，则身体之活动即随之而止；而此身体之活动，即循原方向，而逆回归寂；而此身体之一活动，方不碍其另一活动之生起。身体之诸活动，若恒能周流不息，则身体能自保其内在之统一与和谐，人之生命力亦可用而不竭，而身体得维持其健康。然当此身体之活动成为习气，以生起种种不当有之意念欲念时，则其生命力，纯由过去之习气所驱率，乃欲罢不能，欲止不得，连绵不断，身体之活动随种种意念欲念之方向，而驰散，更无逆回归寂之机；吾人之生命力之用于此者，遂纯为浪费。而吾人之整体之生命，即循不同方向之意念欲念之生起，时在分裂之中，即外若未病，而实已病矣。

由上之义，吾即知何以养病当先从事于静功，而此静功当始于求妄念之停息之故。由此静功，必有助于身体之康复，吾亦尝信之而不疑。吾此次病目疾，更念吾之受病之原，正由平日读书之事，实亦多是一习气之流行。当吾读书之时，吾之目光向书而注视，即目之活动之向书而趋，以与吾整体之身体之活动相离，方有此目之形体自相离散之事。故吾亦尝试用内视，及其他使心不外驰，而归在腔子里之工夫，以逆此平日习气流行之方向，亦不能谓其全然无功。吾亦信世之静功深者，未尝不可由其心念之纯一，而使身体之活动，亦归于纯一，而自去其病。老子言"圣人不病，以其病病，是以不病"。后之道教言养生之道，无不逆反吾人平日生命之向四方驰散之势，而复归于纯一，其间固有真理存乎其中也。然此特为中国之道家所重之静养之种种工夫，是否有效，系于其工夫之深浅与受病之轻重。而在一种情形之下，则人甚难运用。此即人病甚重，而极感受痛苦之时也。

八
痛苦与神佛

　　吾之目疾，其本身原无多生理上之痛苦。然在动手术后，固尝发高热，并感肠胃不适，则时觉痛苦。然此种痛苦，吾昔在病中时，固时经历之。然事后即已淡忘，而亦不忆痛苦之相貌为何若。吾此次则于感受痛苦时，发心试自观其相貌。吾乃发现此痛苦之为物，乃一无耳目五官，而懵懂无知之大怪物。自痛苦之自身，自连于一求去痛苦之要求言，彼似为一涵自己否定之性质之存在。然正当吾人感其存在之时，彼又至真实而不虚，若能否定吾人之一切"欲否定其存在之要求"者。当吾感受痛苦之时，吾若能转易吾之意念于他处，则固可淡忘其存在。然当吾人之意念转移之时，彼亦若有一力将吾之意念拉回，以还注意于彼之自身，使吾之意不得他适。而在一巨大之痛苦之感受中，人之全部之生命与意识，即若皆为此大懵懂之痛苦所吸住，人若于此大懵懂之痛苦以外，皆无所知，更不能作其他之活动；而一般所言之静养工夫，即皆难于运用矣。

　　由于痛苦之为能吸住吾人全部生命与意识，而可使人为一除痛苦以外更无所知之怪物；故人在极深之痛苦中，而尚能自用其心以求超越痛苦者，即恒须兼超越其生命与意识之自身，以求通达于其他人之意识与生命，或一超越的意识与生命，如神灵之类。人亦若惟赖此可自拔于痛苦之外。此即人之在痛苦中，所以须他人之慰问，及恒趋向于信宗教、信有一超越之神灵，而欲赖彼神灵之力，助其自拔于痛苦之外之理由也。在各种宗教中，基督教与佛教皆能正视痛苦之存在。佛家尤喜于生老之外，言病死之苦。耶稣生前之常治人之病，亦由于对病人之痛苦之深切同情心使然。而耶稣之常与人所不敢近之麻疯病人接近，尤有一深切之意义。吾尝观电影，乃关于耶稣之行事者。吾见诸麻疯病人，皆分别独居于幽暗之山谷中，无人敢往慰疾。而诸麻疯病人间，亦不能相慰问，而各在绝对孤独中，忍受此病所赐之痛苦，而耶稣则一一亲往慰问。吾见之而深心感动。耶稣亦正为救人类由原始罪恶所生之痛苦，而上十字架，以自受痛苦者。其在十字架上受痛苦，至不能忍时，而说"上帝！何以舍弃我"，则所以显此痛苦之真实性于世界。今存基督上十字架之像之为一痛苦之像，亦即所以使人之见之者，直感耶稣之担负世人之痛苦，而分担见之者或念之者之痛苦者。吾尝遇一前辈先生，谓彼在疾病之痛苦中，尝试念孔子、释迦，其痛苦皆未得减少，而念及耶稣，则痛苦为之骤减。彼谓此事大异。吾则意谓此盖由耶稣原为尝入山谷以慰人之痛苦，亦尝自受上十字架之苦，而其像即为分担见之者、念之者之痛苦之像之故也。

然吾意人之在疾病之痛苦中，向耶稣祈祷，以求其赐与力量，自拔于疾病之苦之外者，其可由念耶稣之代其赎罪，担负人类之苦难，而觉其苦难，有耶稣为之分担，而减轻，应无疑义。然是否人即能由此而会自超拔于痛苦之上，则亦无一定之理由。人之由念耶稣为上帝之化身，上帝乃全能，而完全无缺，亦实无痛苦，因而亦能去我之一切痛苦者；则势必须将其痛苦，全交付于此上帝耶稣，代为担负化除。此则无异于人之对其痛苦，全不负责，而出自人之大私心。——有此大私心，正为当受惩罚而受痛苦。则此痛苦之全然化除，如何必然可能，即不能使人无疑矣。

在佛教中言佛之大慈大悲，乃以众生之痛苦为所念。此中亦有分担众生苦痛之义。然佛像之宁静，则唯表示佛自心之超于痛苦之上，有类基督教上帝之完满，而实无痛苦。然其谓人之痛苦之原，非由人类始祖亚当之犯罪，而由各人之前生与今生之业障，则人无将其痛苦全交付于佛，由佛力代为化除之理。此在教义上，较为完善。而人之欲循佛家之教，以自拔于痛苦之世界之外者，亦除赖信佛力之加被外，兼须赖自己之修行，以自去其业障之工夫，遂不能如基督教之可纯恃一念之信心矣。

吾在美治目疾之医院，乃一原为基督教长老会之医院。吾返港后养病，则初于沙田之慈航净苑。吾父母之灵，亦在该苑之祖堂中。吾又尝养病于青山之极乐寺。吾意佛像之宁静，固表示佛之超越于世间之烦恼、苦痛、罪业之上，而与佛之果德相应，亦可使见者，与念之者，忽然顿超于其苦痛罪业之上；而此本身，亦即是一修行之工夫。此不似耶稣之上十字架之像，唯表其尚在一奋斗挣扎之历程中；亦不似耶稣传教或与人聚处之像，唯表示世人之在逐步受感化之历程中，而未达究竟之安宁平静之境地者。基督教之教堂，可供人之礼拜，而不能供人之居住。佛家之庙宇，则可供人之居住，使人得于徘徊瞻礼之余，更有所观，以自修。此即吾之所以养病于佛寺之故也。

在吾养病于佛寺之期中，其处僧尼及所遇之佛教人士，多谓拜佛及念佛，有大功德；念弥陀，定生西方，而念观世音名号，则可去苦难。故念观世音之名，亦必可愈吾之目疾云云。吾固素无拜佛念佛之习。唯吾母于六年前逝世，尝设吾父母灵位于慈航净苑之佛之大殿侧。故吾每来拜祭吾父母时，亦时或兼礼佛。此则由吾念吾父母之灵位，既设于此，则大殿之佛为主，吾父母为宾。故吾亦当对之作礼。固非如一般佛教徒之求佛力相助之拜佛念佛也。

然吾虽无世人拜佛念佛之习，亦非不信世人所信之佛菩萨，为实有无尽愿力与法力者。盖吾不特在幼年时有满天神佛之想，于二十岁左右，即尝以凡对吾人之思想上为真可能之事之物之人，即在全法界中之所实有。吾三十岁左右，信有一宇宙性的绝对真心之存在时，吾亦意谓此真心之有无数可能之表现；其每一最高之表现，即同于一佛菩萨之表现，而此绝对真心，即其"一切表现皆交相摄，而依于一同体"之别名。吾后来之思想之发展，虽意谓形而上之言说，有种种之方式，而偏在说此无限真心乃超越而内在于吾人之似有限之心灵生命以内者。然固不否认任何有限之生命心灵，真破除其心灵生命之限制，即化同于一无限之生命心灵，以永存而不坏，并于冥冥之中，与一切生命心灵相与感通也。此中之义，在哲学理论上，加以建立，固有种种曲折。然在吾之深心，固信之而不疑。则谓世尝有众生，于无量世界、无量时间中，尝自破其生命心灵，以成一无限之生命心灵，如佛菩萨者之存在，而亦能本其愿力以助众生之拔苦去障，固可为我所应许者也。

吾不否认佛菩萨及其愿力之存在，而又不如世之佛教徒之拜佛念佛，以求佛力之加被者，则由于吾以吾之生命之有限性，或其罪业苦难之化除，要为吾之生命之自身之事，而最切近之超凡入圣之道，仍不当离人伦日用。人即欲面对超越之世界、神灵之世界，以及佛菩萨之世界，以用其心，亦自有种种之事在，不能只以持佛之名号，对佛像礼拜，为事也。在吾养病佛寺时，或一人独处，而不能更有所事事。此时，吾尝感吾今既无人伦日用之事在前，吾亦不能如孔子之行教于世间——吾试念吴道子之孔子行教之像，亦觉与自己当下之生命不相干。吾乃于慈航净苑之大殿中静坐，试于殿中所塑之释迦观音之像，作默想，乃觉佛像之庄严静穆，确有宁息吾心之功。此亦可助吾之养病。又念：人之鳏寡孤独而无告者，或幽囚疾病者，在世间无可事事之时，亦固可终朝对此庄严静穆之像，以自宅其心，而使其心趋于上达之途也。然吾于此仍不能面对佛像，而祈其本其无边之愿力法力，

038

以拔我于目疾之苦难之外。此亦非由吾之意谓彼决无此力，而是吾意谓若吾人之苦难，原于吾之业力，则当知佛经所言佛之愿力、法力无尽，众生之业力亦无尽。吾人不能以自力求自化其业力，自去其苦难，则佛力亦固当有时而穷。若徒信佛力之无尽，而将一切拔苦转业之事，皆付之于佛，则亦无异人全无其自身之责任，坐享现成。此正为人之大私心。佛菩萨又何必为此种人拔苦转业乎？至于从实际上看，人之实不能由对佛作祈求，即自拔于苦难与其业障之外，亦正如人之祈求上帝耶稣者之不能全自拔于苦罪之外，则无庸多说矣。其故皆不在彼神佛之必无此力，而唯在其不当以其有此力，以使人更不知所以用其自力。故于彼信神佛之有此力，而对之作一往之祈求者，彼固无妨信神佛之有此力。而吾之此说，亦未尝为其信仰之阻碍，而于世俗之宗教固无伤也。

总上所言，是吾人在苦痛患难中，虽可上与神灵求感通，人亦可念彼神灵，或对之祈祷。然此并无必然之效。具无限之全能与无边之愿力、法力之神佛，亦不能使人全不用自力，以自拔于为苦难之因之业力，或其生命中之有限性之外，神佛之所以不能有此力，则唯由其不当有此力，以使人舍其自力也。

由吾之不以人对超越之神佛之祈求，即可使人绝对必然地自拔于其痛苦患难，以及罪恶业障之外；故吾即在目疾最严重之时，亦未尝作纯凭仗神佛之力之想。吾虽承认人在剧大苦痛中，信神念佛，为势所难免。人之此信、此念，亦可助人之超拔其痛苦，使其心身宁静，即可助人之养病。然吾仍须承认：此乃无绝对必然之效力。今以此为养病之道，亦如其他一切养病之道，唯所以自尽其心，而为人之养病之时可有，而亦为当有者。然谓有此即能使病除，则吾所未能信者也。

九
当与不当之辨

　　吾于此次病中，因不能于世间事有所事事，亦不能用心于一焦点，而肆情于默想。由此默想，吾既悟昔所妄臆之天命天意之不足恃，亦念世间医术之不可恃，复念一切养疾养生之术，有时而不能用，更念祈神拜佛之事，同无必然之效。然吾亦固不须否认，此天命天意与神佛之实有。实有而不足恃者，以其不当恃也。唯此"当"与"不当"之辨，则恒不断生起于吾心之前。吾既悟天下无可恃当恃之物，吾乃悟吾之生于此世，无论在何时何境，其未来之遭遇，皆不可必，而皆可谓为偶然。然无论在何时何境，我亦终可思我之所当为与当如何，以自宅其心。而此辨所当为，为所当为，宅心于所当宅之念，亦即永位居于一切不能事先期必之偶然之遭遇之上之一层面，而无一偶然之遭遇，能阻我之此位居于上一层面之心思之运行，而自求其行事之合于吾心思所视为当然者。然此亦非吾之辨当与不当，必不误，吾必能知真正之当然之所在之谓；亦非吾必能行其所视为当然者之谓；更非吾行其所当然，即必有预期之功效之谓。无此功效，固不碍吾之仍自求往辨彼当与不当，求知真正之当然而行之，以自宅其心。

一念不泯，则终将见有当然者，冒起于一切已然实然偶然者之上，为义之所在。外此而求必然者之足恃，即无往而非利。以吾养病之事而言，则为求康复，而求所以治病养生之道，是义；而必求病愈，则是利。然养病不必求病愈，又正非易事。此中人自会有种种之转念以求其必。此则惟待于更一一思此种种之所求之"必"，皆实不可必，否则，利心终不可断也。以此例之，人生一切义利之辨，莫不同于此。人能无往而不辨此义利之分，则人生觉悟之道，于是乎在矣。

　　然吾此次病住医院时所感之问题，更有深于上之所述者。吾念吾之所以能有当与不当之辨、义利之辨，要在依于一念之不泯。然一念若泯，又如何？再则吾于吾疾，固自知求所以养病之道，而行之，并求不计其功效之何若。然在此医院中其他之同病者，固不必能如我之用心。其用心之道或高于我，或亦低于我，或竟不知所以用其心。或以病苦之剧深，而更不能有以用其心，以至连求神拜佛，以解脱其苦痛之心，亦无。今试问：彼更不能有以用其心者，其痛苦果有何意义？吾更将何以待之？吾自在病中行动惟艰。吾于其他之人亦初不相识，固不能对之有所慰助。然吾要亦当有一念之待之之道。吾虽不能分别一一的念之、待之之道，亦当有统括的念之待之之道。此亦属于"我所当然"之范围中，亦如吾今之一念尚存而不泯，知辨当与不当，仍当一思：若一念既泯又如何，而知所以自待此一念之泯之道也。

十
觉与无觉

　　吾人辨当与不当之一念，乃依吾人所谓道德意识。然人无一般之意识，则人亦无道德意识。人无生命，亦似即无意识。人固可知有死亡，而不往念彼死，而惟回念其生命中之当了、当为之事，而即此以为对付此死亡，亦逃遁于死亡之外之首道；如吾前文之所及。然人固实有死亡，死亡而无此现实存在之生命，此现实意识，亦即可归于不存，而道德意识之念，亦当泯失而无有。人有死亡之知，固是意识。在人知有死亡时，此知，以死亡为所知。此能知之知，似不当随死亡以俱灭，然此知有死亡之知，乃生时之知。当此生既死，此知即亦似未尝不死，未尝不随之而泯也。则死亡即生之自死，知之自死，非徒为知之所知而已。果生自死，而知自死，而道德意识中之一念遂泯，则人之辨当与不当，宅心于其所当，虽可以尽生之道，而终不足以尽死之道矣。

　　吾初于吾之意识之力，恒自信甚强。虽知此意识之存在依于身体之生命之存在，而殊不愿于此措其深思。故当医生谓吾之目疾，动手术，须用全身麻醉剂之时，吾初不愿信此麻醉之能暂绝灭吾之意识，而颇虑其无效。乃更作推论曰：此剂对人皆有效，吾亦为人之一，则此剂对吾亦有效，方自去其无效之虑。然于上麻醉剂前，犹自勉停息其意念，如自求入睡。然知此麻醉剂固不依吾之推论，亦不问吾之自求停止其意念与否，而固能自有其效于我，而使我之身体之生命状态改变，以使我之意识，暂时停息绝灭者也。

忆吾少年时，读《楞严经》，谓人目不见色，则见黑暗，足证见性不灭。然若人根本无见之活动、见之意识时，又如何？后又见一印度哲学中之一派，尝谓人于一夜昏睡之后，次晨自知其尝昏睡，足证人在昏睡中一般意识虽无，仍别有一意识以自知其无意识，以为此足证人之意识之恒存。吾尝叹其义为绝伦。然在此次上麻醉剂之后，更醒觉之时，吾所首念及者，乃在上麻醉剂前之一事。他人亦谓凡由麻醉而醒觉者，其第一念亦莫不为忆其此前之一事云云。则谓当吾上麻醉剂而无觉时，自有无觉之觉，或无意识之意识，乃于事无征。若果有此无觉之觉者，则当吾醒觉，而念其前事时，应首念此无觉之觉。今既不然，则当吾无觉之时，实乃并此无觉之觉亦无，而纯在一无意识状态。以此例之，则人在昏睡再醒之时，人之初念，若非其睡前之事，亦当为睡醒时之见色闻声之事，而不能为此昏睡之无觉。人之念其昏睡中或上麻醉剂时之无觉，亦唯是由其醒时之回念：其上麻醉剂前与昏睡醒觉后，其所感之世界，如相间断而不相续，故推知其曾历无觉之一境，遂知有此无觉，而觉有此一无觉。此觉无觉乃起于醒时之回念与构思。固不足证在此昏睡与上麻醉剂之时，人别有一无觉之觉，或无意识之意识之存在也。

夫人以身体倦极等故而昏睡，及上区区之麻醉剂，尚可使其意识归于一时之停止绝灭，何况人之身体由老等故而衰而坏而死，尚有何意识之存在足云？观人之生年之短与得死之易，则此意识之存在，固至飘忽而短暂。何况为人之意识之一部之"辨当与不当而行之"之道德意识乎？

然吾亦正以此次上麻醉剂之经验，知在吾醒觉之后，未尝忆及当我无觉之时我自有一无觉之觉；而初念唯及于上麻醉剂前之一事，吾即知在吾之觉中，实未尝有此无觉。吾之意识中，实未尝有此无意识，而唯是以醒觉之觉，继其前之觉，而以觉承觉，以意识承意识。人谓我之受麻醉，曾历四小时之久，而我之无觉，亦历四小时之久。实则此中纵历千万亿兆年，亦与一瞬无异。吾固同可如历之而未尝历，而唯以后之醒觉，承其前之觉以起也。

由上可知，同此一我之麻醉剂之经验，而有二解释之不同。此即自吾人之觉性之内而观，与自外而观之不同。自觉性之内而观，则承觉以起者，唯是觉。觉性之通体，唯是觉，更无不觉。亦不见有"不觉"，为觉之外限。自外而观，人似确有不能觉，而无觉之时。其觉与不觉，系于其身体生命之存在之状态。若身体之感官无所感于物，如吾目之网膜之不能感，或有感于物，而神经不能传达此感，以及于中枢，……如上麻醉剂时——或中枢神经破坏，则人即归于无觉。又若人有觉，此所觉者之何若，亦恒须视此感官与所感之物及传达之神经、中枢神经之状态之为何若而定，非此能觉者之所能全然自主者。此觉之得相续存在与否，其为如何状态之存在，乃亦皆为偶然，而非必然，即亦皆只为可能，而非必为实际。即当其已为实际，仍自具一不更存在之可能，而仍为飘忽无定之物也。

然即在此外观之中，于人之如何状态之觉之存在，知其有非必常有，而非定有者，即亦复当知其无，非必常无而亦非定无者。即于彼已死之人，谓其即更无再觉之可能，亦复无有是处。如以吾之上麻醉剂之时而论，人之自外而观者，观我当时之无觉，固可见吾所有之觉为无常，而非定有。然吾固可以麻醉剂之失其时效，而更有种种之觉。则吾之无觉，亦非常无而定无。盖即在吾无觉之时，吾之能有种种之觉之理或可能，固在。此种种之可能存在即佛家所谓赖耶识所藏之心识种子也。然此诸种子或可能，系于其诸缘，如吾之身体之未大坏等。今试更思若正当无觉之时，忽大地震，而坏及吾之身体，则吾固无凭借此身以自更有其觉之事，而世必谓吾已死。是见具此诸种种之觉之可能或种子之我，能生亦能死。此能生与能死者，同此一我。则此以生缘具足，而实生之我，固具此诸觉之种子或可能；以生缘不具足，而实死之我，亦未尝不具此诸种子或可能。以此眼光观世间一切实已死之人，知其若生缘具足，而未尝不可不死，则知其虽实死，而亦未尝不具有此觉之种子或可能。则即历千万亿兆年，然后再得生缘之具足，其以后生之觉，继其此生之觉，亦将如一瞬间事，固不得谓其今之一死，即无复余，而更无再觉之可能种子矣。

十一
尽生死之道与超生死

　　人自外而观他人或自己之意识，或觉其不可说为实有，亦不可说其定无，当说为有而未尝不可无，无而未尝不可有，要以因缘为定。然自内而观，则觉惟继觉而生，意识唯继意识而起，则为定有。然人之辨当然与否之意识，又为定其一般意识之是否当有者，因而于其有，或欲使之无，于其无，亦可求其有者。故于一般意识之生者，或欲其死；而于一般意识之死者，或欲其生；更于此一般意识所寄之生命，亦或愿其继续生，以有欲其生之意识，然亦未尝不可愿此生命之死。则此中辨当然与否之意识，虽属于人之生，亦未尝不通于人之死。只谓其通于生为能尽生之道，而不谓其亦通于死而能尽死之道，固非切当之言也。

　　人于罪恶之生命，无论属于人或不属于人者，皆欲杀之；于只有痛苦，而不觉其有价值之意识，亦皆欲绝之。然人果以自己之有罪恶之生命为当杀而杀之，以自己之意识为当绝而绝之；则虽自杀其生命，自绝其意识，亦是为其所当为，如刑官之杀罪犯，医生之以麻醉剂施于病人，以绝其意识，人亦以为当然。是即证当然之义，通于生命意识之不存在而绝灭之际。固不可以为只足尽生道，而不足以尽死道也。

人之疑人之只行当然之道，只足以尽生道，而不足以尽死道者，或乃意谓：人只行于当然之道，不足以解决生死问题，亦即不能使人避免死亡。故人即可依当然之道而自甘于死，人仍将问：此行当然之道之心，毕竟自视为有死否？果真有死否？真自甘于死否？如其有死而不自甘于死，或人不愿其死，则此中毕竟有憾在。若其无死，则又将如何知其实无死？此即人所不能免之进一步之问也。

对上述之问，则有种种不同层次之答。

一、若将人之行于当然之道之心，视作一般心识，则行当然之道之行，即佛家所谓善业。行业有迁流而业种则潜存而不失，今生后世之业种，乃相续而无间，因缘聚会，自当重现，如上文所谓千万年如瞬息。固不须忧其断灭。然善业种不灭，不善业种亦如之，苦乐之种亦如之。此生生世世善恶苦乐之种，杂糅而轮现，终无了期，亦未必能自忆。若今生不忆前世，则后世亦未必能忆今生。今人年已长大，自视其儿时事与少年事，已若漠不关己，而视同他人之事；则今生之我视后世之我，亦另是一人。彼自生而我已亡；则恒情于此，仍将唯虑其今生之死亡，未必能由其来生之必有，以自慰其情也。人之能由来生之必有，以自慰其情者，盖必其心思之所及，能通今生后世为一，而不见其间有生死之交谢者，然后能之。而此心思之所及，其能否通达于今生与后世，则系于人之德量，亦如人之心思之能否通达于自己与他人者，系在人心之德量。此固皆可谓人之所当具；而人之求具之，亦固有所以具之之当然之道，为人所当行。否则人亦不能具之，以通今生后世为一，而以后世之有生，自慰其今生之畏死之情也。

二、至于克就人之行当然之心情之本身而言，则人于此实唯见有道，而不见有生灭或生死，亦不自见其此行当然之道之心之生死，而唯见其生死皆同在道上。此正如人之行于地上之道者，其行止、往来、进退，皆同在道上，而其所以或行或止、或往或来、或进或退，皆依道路之曲直而定。同此一曲或直之道，可使我进者，亦可使我退，正如同此一当然之道之可使我生者，亦可使我死；而人乃可只见道而不见生死，如忠臣孝子之心，只见忠孝，其生为忠臣孝子者，其死仍为忠臣孝子也。

人之行于当然之道者，固可以求他人之生，免他人之死以存心；而有求他人之生，免他人之死之当然之道，人亦未尝不可以自保其身、自养其生以存心，而有求所以保身养生之当然之道。而在此二者中，人皆不能不念及他人与自己之生死，而非忘生死，似与上文所及之义相违。然实义不相违也。盖若果此求他人与自己之生为当然，则此求之，固皆为行当然之道。然人之行此当然之道者，其可以生而亦可以死，亦正同于人之行忠孝之道者，可以生而亦可以死。人之求自保身养生者，固亦可已自尽保身养生之道，而死于不治之疾。然此中人之能自尽其保身养生之道者，毕竟与忘生殉欲，或玩忽其身而致折丧者不同。人在疾病患难中，真求自尽其养生保身之道者，亦固可只求自尽其道，而不问其结果如何，则亦可不问其毕竟能免死与否。则其意虽在养生保身而免死，亦仍是只见道而未尝见生死也。

人诚只见道而不见有生死，知生死皆在道上，则人在疾病患难中，而求生竟不得时，其死亦仍死在求生之道中。道固为永恒普遍，匪特忠孝仁义之道为永恒普遍，即人之求生之道，亦为永恒而普遍。人果只见此道之永恒而普遍，则其纵死在求生之道上，仍将念念在此求生之道之自永恒而普遍。此道，乃终无死期者。则人之心唯与此道合，即超生死，而有以自慰其怀生畏死之情矣。——然彼真见一道者，固亦初无求自慰其情之想也。宋程伊川先生论学以见道见理为宗，谓人当见道见理而不见有生死。及其临终，人或谓其平日所学当于此时用，而伊川先生曰："道着用，便不是。"伊川固以平生所学，唯以见道见理为事，而不见生死，故能临终泰然。然彼固初非为求有此临终之泰然，而后有其所学，以使其临终之际，有以自慰其情。盖其平生之学，既不见有生死，则其先已无一般之怀生畏死之情。其见道见理，即是为见道而见道，为见理而见理，而他无所为。见道见理者，自然不见有生死，亦非为了不见有生死，方求见道见理也。见道见理为体，则不见有生死，乃其用。有体自有用，非为求有用而求有体。故伊川之言如此。然此亦非谓此中之见道见理之学，无此不见有生死之用之谓也。

三、至欲问此人之见理见道之心，果有死否，果自见其有死否，又果自安于其有死否，则当自二面答。一面是人之求见理见道者，即同时求自化除其平日之心之非理者。彼既欲化除其心之非道非理者，即无异欲自灭其非道非理之心，而欲其此心之死。人见道见理，而能自行道，以合理时，同时自见其此非道非理之心之死，而亦自安于其此心之死。若人之自感其平日之心，大皆为非道非理之心者，亦当唯以求此心之死为念；并感彼当然之道之全，乃超越于其心之上而虚悬于外。望道而未实见，道即超越于其心之上，而虚悬之外，若乍隐而乍现；乃切切于求见道，而不及自见其"见道之心"；彼乃只视道或理为永存；而于人之能见道之心，乃或由其为可有而可无者，而疑其可生而可灭矣。另一面是人心果真见道，而同时能自思其见道之心之为何物者，正当由此道之永恒而普遍，而知其与道合之心，亦永恒而普遍。此则全系于人之能以道眼，观其合道之心，而不能以其平日之经验的心，观其合道之心，复不能由其平日之隶属于其现实存在之生命，其中之有非理非道之成分，为有灭有死，亦当超化而当灭当死者，遂疑此合道之心为有灭有死也。（二月二十六日）

《二程遗书》载："尧舜至今数千年，其心至今在，何谓也？曰：此只是心之理，今则昭昭在面前。"此不当是说：只有一抽象的心之理在面前，而当说：知与此理合之尧舜之心，亦在面前。然此中容不得人先对尧舜之心，连之于尧舜在世之百年内之经验的心去想，而只可纯自此尧舜之心之为一合普遍之道之心去想。此道既普遍而永存于吾之面前，而尧舜之心与此道合，岂能不在吾之面前！若问在面前之何处，则当说即在此道此理之处，亦即吾人之知此道此理之心之处。今若欲于此外别求其心所在之处，亦无处之可得也。（二月二十六日）

四、此上所说，理遍而心遍、理存而心存之义，直接绾合：我与古今之一切人之"合当然之道之心"，与具天理之天心以为一。间接绾合：一切连系于此心之一切生命存在以为一。然吾人必由兼观此三心之统于一理，以会此三心为一；而不能只观一心之具理，以会之为一。人不能由尧舜之心之理，即在我之心之理之中，而谓只观我心之理即可自足。亦不能只往观一天心天理之统包一切心、一切理。何以故？因理以普遍为义，不兼观我心与尧舜心之同具此理，则不能知此理之普遍义，亦即不能知有天理与天心故。天理天心，原即自此一切人共有之此理之交遍相摄而立名故。

此上诸义，皆吾平日所早已深思熟虑，决定印持者。然在此次病中，则更一一体之于己，乃更由此中之心遍理遍之义，而更及于事遍之义，与人于此当实具之观行工夫。此所谓事遍，乃谓吾人之于普遍的当然之道之心而有之事，其中即皆潜有一普遍的心愿，此心愿即足以使其事之业用，周遍宇宙而潜运于无量后世之人心，而永无断灭。盖世谓事有断灭者，唯由人于后事中，求前事而无有，遂谓其有断灭。此前事之自身，固一在而永在，以自成其为前事。凡人之事之依于合当然之道之心而为者，人实皆不自觉的或超自觉的，望一切人为之。孝子必超自觉地望人为孝子。故《诗》云："孝子不匮，永锡尔类。"忠臣必超自觉地望人为忠臣，则忠臣亦不匮，而永锡尔类。一切人之行其所当行之事，亦固当同潜具此锡其类之心愿也。事在而心愿具，事不亡而心愿即永不亡。则事虽在千载之前，人只须下求其事于千载之后，并于千载之后，一跃而起，以一念直与之相遇，或作一事，而与之同其心，同其理；亦即同时与其中所藏之心愿相接。而其新有之一念，或新作之一事，即与之相摄交遍，以结成一体矣。（二月廿六日）

吾于病中，常念及吾父母及师友对我之所望，而我愧未能有以遂之之事，尝欲一一纪之，名曰"感戴录"。缘此而更思及吾之所为，其违于昔贤之言行者，而生种种愧怍之心。此本为人之常情所共有。然吾于此忽自疑曰：父母师友尝寄望于我，我未副其望而生愧怍心，犹可说也。昔先贤圣固不知有我之一人，亦未尝寄望于我，我何以亦对其言行，亦可生愧怍心？遂顿然悟及：彼贤圣之有其言、有其行时，虽未尝知我而寄望于我，其潜伏之心愿中，实未尝不寄望于我。以此推之，则古往今来之一切人之嘉言美行中，应同各具有此心愿。吾乃蓦见此一切人嘉言美行之无穷无尽，与其心愿之无穷无尽。而我所当发之愧怍心，亦若无穷无尽矣。然吾复念：只泛言古今人之嘉言美行中之无穷心愿，与当发之愧怍之无尽，仍不切实。欲求切实，必须更就人一一具体特殊之嘉言美行，而观其心愿，以更求自己之言行，足对之无愧。此中之工夫之本身即是行。此中之所当观者固无尽。然吾亦不当只自其为无尽上措思，而当就一一所观者之各自具其潜伏之心愿，而各为一独立而足以为训之言行上措思，方为真正之切实的学问工夫，亦即儒者当有之"观"之工夫也。

夫人之一一具体之嘉言美行，岂必皆为特异奇诡之言行哉？即人之庸言庸行，其中固皆随处有其嘉美存焉。在吾于病中，常卧而不能动，医生或护士乃助之动。吾常手不能写，而人或代为之写。又吾与人同在一医院中，人恒偶以一言相问讯。此中皆同见有嘉美存焉。此中人之良情善意之可感可念、可范可法，与古今圣贤之行事之所表现者，固无二无别。而吾每日皆可由此见人心之互摄交遍，及依此心所为之事之互摄交遍，而见此一一之事之皆似为至暂，而实则皆为亘古绝今，而永存不可毁者也。

十二
痛苦之究极的价值意义

关于痛苦之问题，吾尝读佛家书及西哲叔本华书，而怵然于众生及人类之痛苦之多且深。忆叔本华似尝谓不知此世界中之痛苦而安于此世界或视此世界为最好之世界者，宜亲往监狱、孤儿院、医院、疯人院参观，便知其所自安之最好之世界，实无异地狱。忆吾幼年住成都锦江街，吾家之对门即为一孤儿院。后赴南京入大学，其旁即为四牌楼之监狱，亦常见犯人出入。然吾则未尝与孤儿为友，于监狱中犯人之出入，亦视若无睹。吾昔年未尝住医院，亦未真知住医院中之病人之心情。及今年已衰迈而病目，乃两度入医院。在医院中，吾所受之痛苦，与其他病人较，实远不及。吾在美住医院，只历时半月，在日本住医院，迄今亦只三月余，皆只动手术一次。在日本医院中，见他人以同类之目疾而住院者，有动手术至十余次，而历年不愈者。更见有患麻痹症，双足既残，而住院二十余年者。其他之断肢破体之病人，更不可胜数。人在医院不能外出，而医院同时为监狱。在医院中人当痛苦之极，即亲人在侧，亦无能为助，而人皆无异孤独无告之人。则医院果为何物耶？吾在日本医院之场地上，见有地藏王之灵位。吾初甚怪此医院中，何以独有此灵位？一日乃突然悟及此乃由医院实即人间之地狱，故方有此原住地狱之地藏王之灵位之设也。吾人通常赴医院或住医院，唯念及所亲之人或自己之病，病愈则又视医院为无物；乃对医院之为人间地狱，恒无真实感。然若吾人能不忘其自己或所亲之人，在医院中所受之痛苦，并一念设身处地，以一一想此医院中一切老少男女所患之不同之病，所受之不同之手术治疗所历之痛苦，则可知此人间之医院，即实地之地狱之变形；而足为人所当由之以思维众生及人类在世界中所受之一切痛苦者也。

吾今之思此痛苦之问题，要在思此一切痛苦之存在于世界，毕竟有意义乎？无意义乎？有价值乎？无价值乎？则此中之思想葛藤甚多。吾昔日之思之而未决者，今似仍不能决。盖若痛苦为有价值者，则人之所以去痛苦之事，皆不当有，而医术之去人疾病之苦者，亦不当有。而在治疗之事中，如近代医术之用麻醉剂，以减病人之痛苦者，亦不当有。

然今又试思：若无此麻醉药，世界无数医院中之病人所受之痛苦，将增多少？此直是不能想象。麻醉药不仅减病人之苦，亦减战士之苦，并减一切能感受痛苦之动物之苦。吾友牟宗三先生尝谓发明麻醉药者，即无异大菩萨。吾闻其言而不禁肃然。今则身受此麻醉药之益，以自觉于割目之苦，然后知发明麻醉药者，真大菩萨也。然今若痛苦本身为有价值，则彼发明麻醉药之事，即将反为无价值；而发明麻醉药者，亦无功于世，而不得称为菩萨之行矣。依此，而一切为人类造福以去除人类之苦痛者，亦同为无功于世，亦皆同为无价值之事矣。

然今再自另一面看，则人若谓痛苦纯为无价值，唯去此痛苦之事之行为有价值；则于彼为他人造福，而其自身受苦者，又当如何说？彼为他人造福者，功在去人之苦，而其自身则愿受苦，其德亦正在其愿受苦。凡人之行其所视为当然之道，而不畏苦难者，亦无不为人所崇敬。此中亦是意谓人之能受苦难，即所以成就人之行其所当然之行。则谓此苦难，毫无价值，固不可也。人即未尝别欲行其所视为当然之道，以求有功于世，而只须能忍受痛苦，而不惧不忧，人亦恒称之为勇敢、为伟大。如卡来尔之言"能受苦即伟大"是也。此受苦之伟大，乃由苦而致，则又不能谓此苦为全无价值矣。

复次，人若谓唯去苦之事，乃有价值意义，则又当说：凡由去苦之事而未能去之苦，皆全无价值意义。如谓用麻醉药以去病人之苦之事，为有价值意义，则似理当谓麻醉药之所不及施之病人之苦，即全无价值意义。然为麻醉药所不及施，而病人所受之痛苦，亦多矣。此岂皆无价值意义之可言乎？世之同为人者，或受乐，或受苦，若其皆无价值意义之可言，则受乐者无论，受苦者岂不将皆为白受？然则何以有人独白受众多之苦，而他人又未必受苦而或独受乐乎？若果受苦者皆为白受，则此世界全无道理，则人生世间，又何必求其一一之行，皆合乎理？此无道理之世界中，何以生此念念求其言行之合理之人，而此人又何必生于此世界？此皆辗转不可解矣。

上述之问难，一方是痛苦之无价值意义，似为人所共认。一方是痛苦之必当有一价值意义，亦似为人之所要求。此两难实不易突破也。

此中人之一种突破此问难之道，是谓痛苦无正面之价值意义，而有其反面之价值意义。此则或说痛苦，乃原于上帝对人类犯罪之惩罚，而痛苦可消极的赎罪。或谓痛苦原于个人前生之造罪业，痛苦之报，即所以偿业。或谓痛苦之经验，即所以为警戒，而使人不再为事之致人痛苦者。

此上三说，皆由有见于痛苦之价值，难直接就其自身而正面的、积极的，加以肯定。故乃唯有反面的消极的，就痛苦对罪业与不当有之行之"赎""报""警戒"之作用与价值意义而说。此皆非无其所以立之根据。大率人之谓痛苦有此诸作用者，初乃由有感于痛苦经验之能制止人之同一行为、意念之相续更生。在人之道德意识中，人固知：人之罪业、恶念与一切不当有之行为，当制止其生于未来。而当此业、此念、此行，与痛苦相遭遇时，即若自然得制止其再生之道。故在人间之法律中，有以痛苦施于罪人为惩罚，以防其再犯之事。而人亦恒以苦行施于其不当有之欲念、冲动之起，以免其再起。然此痛苦之所以能有此防制之用，并非由痛苦为人之意念行为外之另一物，而自具此用。而是因痛苦之本身，自始即由人之意念行为之受一阻碍、挫折、摧抑，或制止而有。人之意念行为，在一情形下，既一度受制止，下次在同一情形下，即有自加制止之趋向。若其屡受制止——即其受苦之次数愈多——或制止之者，其力甚强——即此受苦愈深——则其以后之自加制止之趋向，亦愈强，而自形成一自制之习惯，乃使其未来不易再有以往之意念行为。在其意识之中，亦同时更自觉此以往之意念行为之不当有，而为有罪恶者。则痛苦之经验之所以有此防制未来之用，唯是此经验之原是由意念行为之被制止而生之故，而非痛苦别有一制止之用也。

若知上来之义，则知以此痛苦有防制罪恶再生之用，说明罪恶之受痛苦与痛苦之原于罪恶者，实于理有未当之处。此乃无异于谓一罪恶之受制止而以痛苦为惩罚之意义价值，唯在其他之未来之同类行为之受制止。此中之苦痛之意义价值，乃纯为对他的。然此实未尝答覆何以罪恶之自始即当受制止、当有痛苦为惩罚一问题。在人之宗教道德经验中，人固可觉罪恶自始即当受制止——即当以痛苦为惩罚——并非为防其再犯，而后谓其当以痛苦为惩罚也。罪恶自始具有当有苦痛为惩罚之意义。所谓罪恶当受之苦痛之惩罚无他，即人罪恶之行实受制止时之人所实感。则谓罪恶当受苦痛，即罪恶之行之当实受制止，而实有其所感痛苦之谓。若罪恶自具当受制止之意义，即亦自具当受痛苦之意义。于此若更谓痛苦皆原于罪恶，则罪恶与苦痛宜为不可分之一事。而痛苦对罪恶之意义，应即痛苦对其自身之意义。于此所言痛苦之意义价值，即不能纯视为对他的，而应兼为对自的。然此罪恶之何以当实受制止？而实有其所感之痛苦？如何可说痛苦皆原于罪恶？又此痛苦之对自的意义，果何在？则正须有进一步之义，加以说明。而此则非一般言罪恶受苦、苦皆原于罪者之所及者也。

自吾人之经验而观，在人之道德经验中，固尝感人有道德上之罪恶之行，当受制裁而受苦。然谓人之受苦者，皆原于尝自觉的犯道德上之罪恶，则初无经验上之证明。彼天真无邪之儿童，生而受病痛之苦，岂尝自觉的犯道德上之罪恶？而世之有至善良之心，有至善良之行，而历经苦难多者，固亦多矣。彼谓人之受苦，乃原于前生之罪，或人类始祖所犯之罪，如皆指道德上之罪而言，则此乃由于：现世人之未尝犯此罪，而受苦之事，初未能得其当受痛苦之道德上之理由，乃更推之于前生及人类始祖，以为之说。抑亦更由人之见人之犯道德上之罪，而今生未受报，人或望其来生受报，或报及于子孙。故乃谓今人之无端受苦者，皆由其远祖或生前之犯罪。又或再加以人在自觉有罪之时，觉其罪恶之根原甚深甚深，故自推溯其原于其未生以前之父母祖先或前生。人乃形成此种种谓人之痛苦，皆原于其前生或远祖之尝犯道德上之罪恶之思想。然此思想之所以形成之原因，虽可以有此种种，然皆未必可以为建立此思想之真正的理由根据。人固不可据之以更谓人之至善良而历经苦难多者所承于人类远祖所犯之罪者最多，或其前生之罪必最多也。彼历经苦难而至善良之人，以其道德意识之强，固可由其历经苦难而更收摄其心，以求自见其罪过，及求见而不得，乃谓其隐微之罪过尚有未能为彼所自知者，遂更自思其罪过之根之甚深甚深，以致于他人之罪过，亦视为己之罪过，而愿担负其所招致之苦难。然他人则未必皆忍心谓其苦难乃原于其罪恶之根甚深甚深，而皆为其所当受也。此即犹太人之真知耶稣者，不愿以耶稣之所以历经苦难，由于其自身之罪之故也。人于此乃唯有谓耶稣原非人而为上帝之子，彼之所以受苦难，非以其有罪，乃只所以代有罪之人类赎罪耳。然吾人何不于此谓，耶稣本为一无罪而受苦之人？吾人又何必以人实有之痛苦，皆原于其有道德上之罪乎？若人之痛苦，本不须原于道德上之罪，则亦非必须求此苦之原于人类之远祖，或吾人之前生尝犯道德上之罪矣。而彼犹太教基督教及佛家之视人之痛苦，皆原于前生或人类远祖之说，皆可立而非必须立之说矣。

　　谓人所受痛苦皆原于道德上之罪，不仅与吾人之经验所现见之人受深痛苦者，多未尝犯道德上罪过之事实相违；亦与人之道德意识高者，常自愿为他人担负痛苦，或遇痛苦而能坚忍之事实相违。上所提及之耶稣，实即一为他人而自愿担负痛苦之人也。后人谓彼之能若是，乃以其为神而非人，即无异否认人之能为他人担负苦难矣。然世固多为他人担负苦难之圣贤也。彼圣贤既为人担负苦难，则痛苦即亦在彼此自己之心灵与生命中，而彼又正以其道德意识之高，而有此痛苦。则痛苦正原于其道德上之善心善行，而非依于其罪恶亦明矣。至若彼遇痛苦，而能坚忍者，则其痛苦或初由愿担负他人痛苦而致，而亦有不由此而致者。然凡能遇痛苦而坚忍者，皆表现其人之德性。忆吾少时读《三国演义》，见关云长之为箭所伤，而华佗割其肉至骨，以为之刮毒，而关云长则若不知其苦，仍饮酒谈笑自若，即不禁生敬佩之心。实则此人之遇痛苦而能坚忍之一例耳。世固多有之也。凡人之能遇痛苦，而能坚忍，其本身即为一德行之表现，不必问其是否为他人而受痛苦也。人在坚忍中，以有德而能受苦，能受苦即见其德。则受苦与德行，相得而益彰，以相连而为一。而此与痛苦罪恶之相连之事大异。则谓人之受痛苦，唯与道德上之犯罪相连之说，其妄可知矣。

由上所说，吾意如谓人之痛苦与罪恶相连，此罪恶必非指一般所谓道德上之罪恶，而只能是另一义之罪恶。此另一义之罪恶，是谓人生命之为一具有限性之存在，其本身，即可谓之为一罪恶。此罪恶则人皆有之。一切有限之存在，亦皆有之。而有罪恶者，亦必然有痛苦。一切人与其他存在事物之痛苦，皆可说原于其为具有限性者之一罪恶。然此罪恶非如一般所谓意识中之罪恶，而为超自觉的意识之形而上的罪恶。如必谓之为一种道德的罪恶，亦别是一种，而当谓之为形而上的超自觉、超意识之道德上之罪恶也。

所谓生命存在之具有限性，即有罪恶者，乃克就任一生命存在之自身之有限性，而谓其为一根本之罪恶，为一切罪恶之原而言。此生命存在之有限性，固未尝不可非由其远祖所遗传而来，或由其前生之业所转化而致，则亦即属于此生命存在之当身自己。至吾人之谓此有限性为根本罪恶之原者，即是谓只此有限性，尚不能有种种之罪恶。必须其具有限性之生命存在，更欲其自身与其活动之无限化，乃实有种种之罪恶，而此种种罪恶，即必然与其他种种亦具有限性之生命存在之活动，互相冲突矛盾，而相克制，而与痛苦之感受相俱者也。（二月廿八日）

此上之义，吾于近三十年前写《道德自我建立》之书时已及之。吾意谓凡任何属特定之时间空间之有限的生命存在，欲求其活动，以及其自身之兼继续存在于其他时间空间，而即其有限之生命存在之求无限化，而此即必使其与其他时空中之其他有限的生命存在相遭遇，而冲突、矛盾，以有痛苦之生。然吾今对此罪恶苦痛之问题更深之反省，则在对痛苦之性相之认识能更进一层，亦更知其与此生命存在之有限性之罪恶之真实关系之所在。然若非吾以目疾，而住医院，在医院中对人与己之疾病痛苦，随处加以体验，亦不能有此更进一层之认识，故下文更多以疾病之痛苦为例以述之。（二月廿八日）

吾此次病中所体验者，是疾病之苦，乃原于吾人生命自身之分裂，而此分裂更为吾人之所实感。此生命自身之分裂，即生命自身各部分组织之存在，与其各种机能活动自身之各各求孤立化，而绝对化。而吾人之感其分裂之感，则初为整个之统一感。此统一感，一面感此分裂，一面即又欲化除其分裂，而愿融和之，又不能实融和之，于是有痛苦之感生。此中生命之各部组织活动自身，各自为一有限之存在，其各各之孤立化、绝对化，即其自身求不受限制与规定，而无限化。至此中之"欲融和之"，即欲其互相限制规定而各超越其自身之限制，而成为具无此限制之整个生命全体之一部。吾人之欲融和之，而又不能实达此融和，即为"此生命全体之欲由此融和，以有统一之全体活动"，与"其各部分之活动，各各自求孤立化、绝对化，而无限化之趋向"，相冲突矛盾。而初非只是此各部分之活动之相冲突矛盾。此各部分，如真各各顺其孤立化绝对化无限化之趋向，以归于分裂，则生命之全体自身解散。此即正可归于无痛苦之感之存在。痛苦之感，乃依于此分裂之尚未导致此解散，吾人之生命尚欲融和此分裂。故此分裂，乃在一融和统一之生命全体中分裂。而此分裂亦同时正为内在的开拓此生命之全体，而此生命在感此分裂，而实有其痛苦时，亦同时收获此开拓之果实，而自超越此全体本身之限制。而趋向于无此"限"。于此处，吾人即可见痛苦之感，所具之价值意义，即在此对生命之内在开拓也。

所谓疾病之痛苦，原于生命自身之分裂者。乃谓即由外来之原因，如由病菌物伤而致之疾病，亦为生命自身之分裂之一种。盖此病菌物伤之所以导致疾病，乃由有此病菌等存在于具生命之身体中，则此身体此生命，即引起一种组织机能之变化，而别有种种活动之产生。而此组织机能之变化，即由原来之此生命、此身体自身之分裂所造成。人之疾病之不由外来之原因而引起者，如吾之视网膜之剥离之病，以及今人所最惧之癌症等，即无不显然由于此身体自身之组织、细胞自身之分裂而变形所造成，亦即当是由生命自身之分裂所造成也。

然此生命此身体自身之分裂，是否必然导致痛苦？此则全系吾人之是否实感此分裂与否以为定。故神经错乱至人格分裂之人，不自感其分裂者，亦可狂笑自得而不感其痛苦。而依今之医术，人在上麻醉药后，即支解其身体，人亦明可无痛苦。此即见有分裂，而人不实感其分裂，即无痛苦之存在。在人身体被支解时，麻醉药之作用在麻痹神经，使此身体之分裂之事，不由神经而传达，以及于神经之全体，亦即使此分裂之事之效应，不为此整个身体、整个生命所感受，便无痛苦之生。足见此身体、此生命之分裂之所以引致痛苦，不在此分裂之自身，而唯在此分裂之为整个生命所感受。此整个之生命，即为此分裂之统一者。此统一者之为统一者，与分裂者之为分裂者，互相矛盾。而此统一者，即必然欲融和此分裂者。痛苦，即由此统一者之欲融合此分裂者，而又势有所不能之际所产生者。故离此统一者，对此分裂之感受，固不能有痛苦。而此统一者既感受此分裂，则此统一者固当由此分裂者，以撑开，而拓展其自身，以有其自身之原初限制之若干超拔也。

由此疾病中之痛苦之感，乃原于吾人之生命之感受分裂，及此感受中之有一生命之内在的开拓；吾人遂知，在一切痛苦之感中，同有一分裂之感受，亦同有使生命有此内在的开拓之效，而使人由其狭小自私之心，超拔而出。吾人由此而可以了解：何以依于人之狭小自私之心而致之罪恶之行，人恒当以苦痛为惩罚，而加以制止之理由。盖此痛苦，即所以破除其狭小自私之心，而使其生命得其当有之开拓者也。同时吾人可知：人若能原自内在的开拓其生命，或原具一开拓的生命，即亦为，原能感受种种客观的世界之分裂之事实所致之痛苦，而堪任此痛苦，不害其生命之统一者。由此而吾人不难了解人所能受之痛苦，何以多于一般动物之所能受，亦不难了解何以具伟大生命之伟大人格，更较一般人于痛苦能坚忍，亦能感受他人之痛苦，而加以担负之故。此种伟大之生命之对痛苦之感受，并非只是示现一痛苦之感受。因分裂为真实，则由感分裂而有之痛苦，亦为真实。然因此感分裂之感，乃依于统一之生命，而此统一之生命之力，足以堪任此痛苦，故能一方有此痛苦之感受之坚忍，一方有对痛苦之超越，并能自体验此痛苦之更内在的开拓其生命之价值意义，而自收获此痛苦之果实也。

　　由痛苦原于统一之生命之感受分裂，而此分裂同时开拓此统一之生命，故痛苦无不具有一价值意义。然此价值意义，则初非在人感受痛苦时，同时自觉之；而为超越于此痛苦之感受之自身者。人亦实不能自觉的求有此痛苦，以有此生命自身之开拓之效。因克就痛苦自身而言，人实莫不一见而欲去之。彼伟大人格、伟大生命之堪任痛苦而不惧，亦非由其自始即意在感受痛苦，以更开拓其生命为事；而是由于其原来具有之生命之开拓，使其先对世界之种种相分裂之事相，能自开其生命心灵之门，以分别加以认识、体验，而更感受其分裂，及由此分裂而有之痛苦。而此痛苦，即自然有一更开拓其生命之效用，而非其自始即意在感受痛苦以收获此自开拓其生命之效用也。

吾人上言痛苦虽有内在的开拓生命之价值意义，然此价值意义，纯为超越的，而自然由痛苦以获致者。故人初不能直接以求痛苦与获致其价值意义，为其自己之目标，亦不能以遍施痛苦于他人，使他人获致此痛苦之价值意义为目标。吾人固不愿见他人之生命之自封闭于狭小而自私之域，而望人之能开拓其生命之量度，而或更对人加以种种之训练，并或以对人之自私所生之罪恶，加以惩罚等，以为训练之具。而此训练等，亦可致他人一时之痛苦。然其目标固不在与他人以痛苦也。反之，人对他人之行为，其唯足以导致他人之痛苦者，则皆共知其非是；而人之出于自己之狭小自私之心，而与人以痛苦者，则其本身即是罪恶，更属人之所视为不可为。此皆因人自始未尝以痛苦，为其所求之目标。直就痛苦而观，痛苦为依于"人之欲融和分裂，而不能，又未尝不自求其能"而生。故痛苦乃人所不能停止于中者，人乃莫不欲由去痛苦，以过渡至于其外其上之境。故人亦实不能以与他人以痛苦，为其行为之目标也。

然吾人于此仍可发生一问题：即依于吾人自己之未尝以直接求痛苦为目标，吾人固无施痛苦于人之理由。然若人所受之痛苦，皆可自然开拓其生命，而具有一价值意义，吾人何不任彼在痛苦中之人，自受痛苦，而必须更有以去除人之痛苦，减少人之痛苦乎？——如今之医术之麻醉剂，即所以减少人之痛苦者。——此外，吾人亦并不以人感受痛苦过剧，而自杀，或借宗教信仰，以自求逃遁于痛苦之外者为非。今世人于所谓人道的枪杀，如一战士，见其同伴之临死而受剧苦，乃杀之以减其苦之类，亦不以为非。若痛苦真皆为有使人之生命开拓之价值者，则减少人之痛苦，即无异使人失其生命开拓之机会，而使其停于原初之狭小之生命之域者。此应为一不当之事。而于人之受剧大痛苦，而求逃遁于痛苦之外之事，以及人道的枪杀等，吾人亦皆当加以责备，而不能加以允可矣。（三月一日）

对此上之一问题，吾承认其中确有难于解答者。吾人亦实甚难以一语断定：是否去除人之痛苦之事，皆为应当。此中似唯有先分人之痛苦为二种：其一种为无望之痛苦，一种为有望之痛苦。此所谓无望之痛苦，乃指此痛苦所代表之生命之分裂，为此生命之自身所不能加以统一融和者。而有望之痛苦，则为其所代表之分裂，为生命所感受，即能自加以统一融和者。如他人之痛苦，为有望之痛苦，吾人固可依其自求去痛苦之心，而亦以去他人之此痛苦为事。此固为应当者。然若人更念此痛苦，对他人之有开拓其生命之价值，而任其受一阶段之痛苦，则更为具客观意义之爱人以德之行。反之，若人之痛苦为无望，如病人施手术，而解剖分裂其肢体，所召致之痛苦，乃由人之感此肢体之被解剖分裂时，同时欲自统一之、融和之之故，而此又是病人之所不能为；而其痛苦，即为无望者。此外，人之感种种绝望之事而自杀，或信宗教，及战士之枪杀其受巨苦之同伴，亦皆由于感一无力加以化除之无望的痛苦之存在。故人乃唯有求逃遁于此痛苦之外，或求绝去此痛苦。此种唯求绝去痛苦之事之所以为应当，乃由于将"此由感受生命分裂而来之痛苦"，与"此痛苦中所自觉的或不自觉的要求统一融和之目标"相对照，而见此痛苦对此目标之达到，全无意义与价值之故。依于人之觉痛苦对此目标无意义价值，人乃以绝去之为事，则固亦合于当然之理性者也。

　　然吾意人之去除其无望之痛苦之事，虽为应当之事。然仍不能谓：人之感受无望之痛苦，他人亦无加以解免之道者，其痛苦之自身，即全无价值。因人于此虽不能达其痛苦中所求之统一融和之目标。然当彼生命存在之时，彼一朝有痛苦之感受，即有此目标之存在，亦有其求统一融和彼分裂之活动在，此分裂即有其开拓生命之价值意义在。由此统一融和之事之无功，彼之生命固可由有此分裂而死亡。此时彼之痛苦亦不存在。然此痛苦对其生命之开拓之价值意义，则未尝不存在。此价值意义，即纯为对其"曾存在之生命，而在其死后，成为一潜在之生命"而有之超越的形而上的价值意义也。（三月一日）

　　若此超越的价值意义为无有，则一切人与众生之受不能解免之无望之痛苦者，将全为白受，而世界之所以有白受此种痛苦之人与众生，乃全无理由，而此世界将仍为一无道理之世界矣。

　　吾意人不能不依道理而生活，亦不能不依道理以思想，世界亦不能为一无道理之世界。故一切人及众生，其所不能去除之痛苦，必当有此一开拓其生命之价值意义。此一价值意义，乃直接属于感受痛苦之生命之自身。此生命之所以须开拓，由于其具有限性。此有限性可说为生命之原始罪恶。则痛苦亦可说为生命之罪恶之惩罚，而其价值意义，似只为消极的。然由受痛苦而生命逐渐破除其有限性，以归于开拓，遂在其未来，有其更广阔之生命世界，更充实之生命内容，则此价值意义亦为积极的。依吾人之此说，即不能只视痛苦为人之前生或人类始祖之自觉的道德上之罪恶之惩罚，而亦可说人之自觉的道德上之罪恶，因其依于人之生命之自觉的自限于己私而来，故最须加以破除；而更当由感受痛苦，以使其超拔于其己私之外。又依吾人之此说，亦不能谓痛苦唯对生命有一警戒意义。一般所谓痛苦对生命之警戒意义，乃是指某事物或某活动，使一生命感受一分裂之痛苦时，便能使此生命于其当生之未来，知加以避免而言。而一生命尽可于感受痛苦之后，即归于死亡，更不能有此警戒意义。然吾人亦可承认：在一生命由某事物或某活动而感受分裂之痛苦之时，依于其痛苦中之求统一融和此中之分裂之要求，即必然有一求改变某事物某活动之一内在的生命趋向，以使此生命超拔于原初之某事物某活动之外、之上，而对之加以避免；而此"向于避免"之趋向，亦即其生命由感受分裂之痛苦而开拓之结果。则吾人之说，亦与前所提及之不同之三说，可并行不悖。然吾人之说之重点，则放在此痛苦对生命之有限性之加以破除，而直接对生命自身之开拓之正面的积极的价值意义上。此价值意义，初为形而上的。此则与上之三说大异者也。

依吾人之说，痛苦有上述之对生命之积极的形而上的价值意义，故痛苦之感，一方固使一生命唯顾念其当下之自己，亦沉入于其自己，并使其自己泯失于此痛苦之感中，而此痛苦之感，乃若吾人前所谓懵懂之大怪物。然此痛苦之感，实亦非全为无眼无目之无明，亦非只为生命之所忍受。在痛苦之感中，一整体之生命实乃自沉入、自泯失于其所感之分裂中，以作其统一融和之事业。此中之生命之被动的忍受，乃所以为其自动的拓展开发。今人能自觉的知此种种之义，则于其所感之痛苦，即更能忍受，而即在此忍受中，体验得痛苦使生命拓展开发之意义。亦实现此拓展开发之意义，而使其生命由渺小而趋于伟大。此即卡来尔之所以言"能受苦即伟大"，亦即世之英雄豪杰圣贤之所以皆能受苦也。

十三
痛苦与大悲心、崇敬心及感慨祈愿心

　　然谓人之能自觉痛苦之具此使生命拓展开发之意义者，恒更能忍受痛苦，即同于谓：彼不能有此自觉之一般人与众生，即难于忍受痛苦。故伟大人物自己受苦者，亦不当以其自身为标准，以责望于一般人与众生，即不当因痛苦之有此使人或众生之生命，自然开拓之意义，而视此痛苦为人或众生，当下之所当受，或视若无睹，而不致其恻隐关切之情，以求去其痛苦。此恻隐关切之情之所以当有，乃由于即彼能知痛苦有使生命开拓之意义，而忍受痛苦，其所视为有价值者，仍在生命之开拓，而不在痛苦之自身。故若彼不思此痛苦之意义，此痛苦之自身，即仍为一不可欲之事物，并为彼直接觉为当去除者。故对彼不知此痛苦之意义之人或众生，此痛苦即只有此一当去除之意义。吾今知其当去除，而又实感其尚在，则恻隐关切之情生。此情乃由直接面对人与众生之痛苦，而实感其存在以生。初不原于思维。此非思维所能化除，亦非当用思维加以化除者。故吾人亦不能由思彼他人或众生之痛苦，自具有使其生命开拓之意义，此乃对之有价值之事，遂皆视为当然应有，或对之漠然无情，视若无睹也。于此吾人当知者，是他人或众生之痛苦，虽具此使其生命开拓之意义，然当其在正感受痛苦而不自觉之时，或尚未有由生命之更开拓而生之新生命活动时，彼即尚未实现其使生命开拓之意义，而在当前彼所实有者，乃唯是此痛苦；而彼在痛苦中，即同时为求自去其痛苦者，即彼唯是一痛苦而求自去其痛苦之存在。则吾人之自开拓其生命，以求与彼之生命相通接时，亦即唯是与一痛苦而求去痛苦存在相通接，而更无其他。吾人之由此通接之所生，即唯是一对其"痛苦与求去痛苦之情"之同情共感，而此共感即一恻隐关切之情也。

吾人如放眼以观世界之芸芸众生，则见其在痛苦中，而能自觉其痛苦之意义者，实甚少。即彼能自觉痛苦之意义，其所自觉之意义之深广之度，亦未必足以使其能自觉的忍受其所感之痛苦。痛苦愈强，而忍受愈难；则芸芸众生实现其痛苦之意义者，亦实甚少。其受痛苦之事，即唯是受痛苦。众生之世界，即无异纯为一痛苦之世界。而人之能自觉的自开拓其生命，以与此众生之世界，情相通接者，则其自身之生命愈开拓，即愈与广大之痛苦之世界相遭遇，而其对此世界之恻隐关切之情，亦愈深愈厚，而终将化为一对世界之无尽的悲悯之情。此即佛家之所以言大菩萨当发大悲心也。

缘此大悲心，而吾人于世界即当唯以拔苦济生为念。然此中之大悲心之发，固非易事。而此悲心既发，如何真能对一切众生，皆求拔其苦而济其生，其事尤为不易。彼佛菩萨有无尽之悲愿心，亦有无尽之法力，固可无此所谓不易。然吾人自为芸芸众生之一，则如何能拔一切众生之苦，而济其生？然此复非吾人即不当有同于佛菩萨之悲心之谓。吾人当有同于佛菩萨之悲心，而无其法力。则吾人之事，又有其更难于佛菩萨者矣。

吾在此次病中入医院二次，虽略受痛苦，实并不深。于其他同在医院之人之痛苦之恻隐关切之情，亦甚浅。然亦非于人之痛苦，漠然无感。邻室有小女孩，其一目于四年前以癌症而割除，今其母携之再来医院，乃是为其另一目亦罹癌症，须更加以割除。此女孩至敏慧，其母亦极贤淑。母女相依，其情至亲。其母慰女曰："汝目终将有复明之日。"其女曰："我已知两目皆去，不再见此世界矣。……"吾与吾妻尝屡念此母女今所受及所将受之痛苦当何若，而为之恻然。然吾试思：吾与吾妻果能对此母女之痛苦，能有以慰藉之，或代加以拔除乎？吾等固绝无此力。以此推之，于同在医院中其他病人，吾虽一一对其痛苦，有一同情共感，而一一对之生恻隐不忍之悲心，然此悲心之无助于拔其苦而济其生之事，则固不待言而可知者也。

此上所言之悲心，于情当有，而于事则无益。然既于事无益，何不谓其于情上亦不当有？此即人之所以恒于此更自去其当有之情也。然既在情上为当有，又焉得全于事无益？则为吾人所更当深思者也。

在一般之论，情上当有，而于事上亦有益者，唯限于人依于他人之情，而有之实际上的行事，能对他人发生所愿望之实际效果。即如医生之治病人之病之事，即可谓为依于医生对病人之服务之情，而能实际上发生所愿望之效果者也。至于此外之情，如吾等对邻室之小女孩之同情，即为不能缘之以有对其实际上的行事，而为于事上全无益者也。

然若吾人之情，果为当有，则吾人纵不能缘之以有实际上之行事，而有其实际效果。吾人岂不可缘之以有一超越的行事，而有其超越的效果乎？（三月二日）

此超越的行事，即宗教家所谓对他人或众生之祈愿。此祈愿，初由吾人对他人或众生之实际的生命存在，有恻隐关切之情，而又不能对之有具客观意义之实际之行事，以求有客观的实际效果而生。则此祈愿，初纯属于主观的情不自已之事。然当此情不自已，独自进行，以化出真诚之祈愿时，则此祈愿之情，即离吾人之主观的自我中心，或一般之主观意识，而直向于此情所关切之人或众生之生命存在之自身，而亦为一具客观意识之情。至当此中所关切之他人与众生，愈多愈广，至于无限，关切之情亦与之同广同深，而若直透入于生命存在之自身时，则此情即化为一依佛家所谓大悲心而生之具普遍的客观意义之情。此中，人之祈愿之情，可直向于所关切之人或众生，而更广度化、深度化，以发展进行，以自为一超越的行事；亦如依于同此关切之情，而有之实际的行事之表现于实际世界者，可由其关切之情之渐广渐深，以发展进行。二者虽一在实际之世界，一在超越之世界，而其发展进行之事，则正可相与为平行。唯人最初依此关切之情，所生之行事，初恒为实际的行事。此实际的行事，初为运用其身体，以引起外物之变化，而及于他人所接之外物与其身体之变化，间接及于其心灵之所感受者之变化，以拔其苦而济其生。必人觉其实际的行事，至山穷水尽之境，然后退而向内，更向上，再向客观的他人与众生，有此超越的祈愿之行事，以与一般实际行事，分居上下内外之二层次，若相与为平行。如吾人谓一般之实际的行事，乃由吾人之实际的改变外物身体，以及于他人之内在的心灵感受，有如吾人自己之自开其生命存在之前门，而往敲击他人或众生之生命存在之前门，以使其生命存在之力互相感通，则此祈愿之超越的行事之所以生，即有如由吾人之不能自出其前门，或敲他人之前门而不能入，即退而自开其生命存在之后门，而以此祈愿，对他人或众生之生命存在之后门，作一呼唤，而求直接感通于其"心灵之所感受其生命存在之自身之全体"之变化，以使之合于吾人之所祈愿。人欲与他人或众生，求其生命存在之相与感通，其不能由前门而入者，即返而求入于后门，固依于情之所不容已，亦理之所当然而必有、当有之事也。

此中人之问题，是人之祈愿是否实有力，足以自上所谓后门感通于他人或众生之心灵，以及其生命存在之自身之全体；又一生命存在，除其前门以外，是否果有其后门，人亦恒不能无疑。然吾意则此"人与一切众生之生命存在之自身"之义，及此自身之可有其后门之义，当先说。此所谓"生命存在之自身"，即指任一生命存在，除其已有或已表现之活动外，其所能表现，而未表现之种种以至无限之可能的活动，或种子之全体。如以吾人之生命意识活动而言，则吾人已表现之意识活动外，明有吾人或可能表现而未表现之意识活动。此即属于今之所谓超越意识或潜意识，亦即属于吾之生命意识存在之自身者也。当吾人已有一意识活动之时，此时人固可自觉其意识活动，而自谓其意识活动属于我。然当一意识活动，只为一可能或种子，而尚在一超意识或潜意识之世界时，吾人却初未尝自觉其属于我。即其是否自始为只属于我之潜意识或超意识，而非兼属于他人或众生之潜意识，或超意识者，我初不知。其所以能呈现为我之自觉的意识，毕竟只由我之自力而致，或兼由其他之力而致，亦不可知。若其兼属于其他人或众生之潜意识，而其呈现于我之自觉的意识，亦兼由其他之力而致；则我之潜意识，或我之生命存在之自身，固可有其后门，以与其他生命存在相感通矣。

上文唯说：我之潜意识中之可能或种子之呈现于我之自觉，可兼属于其他之生命存在，而其呈现亦可由于其他生命存在之力。然吾人亦不能定此为必然。此即谓毕竟各生命存在之自身，是否各成一互相封闭之世界，或为有其后门而互相感通者，皆未可定为必然。然在吾人为他人而作之祈愿之情中，则吾人即明欲自离其自我中心，而超越其生命存在之自身，以为其他生命存在作祈愿。若果各生命存在自身，自为一封闭之世界，此事在吾人之自身首应为不可能。若此事为可能，吾既能超拔我之生命存在，而自开其后门，则其他之生命存在，又岂能无其后门？若皆有后门，则我之祈愿之力，固当能及于其他生命存在之自身矣。

此祈愿之有力，乃属于世间之秘密，非一般之思议所及，而其力之大小，亦非思议所能定。然吾意则此祈愿之力，即出自佛菩萨者，仍为相对而非绝对。此乃由于佛菩萨之愿力，固无穷，而众生之业力亦无穷。故此祈愿之力之效用自实际世界看，亦似终不能真加以证实。如祈愿病人之病愈者，其病固未必愈。祈世界之和平，世界亦未必和平。然此亦不足以证祈愿之必无其效用。因吾人亦可谓，若无此祈愿，病人之病当更重，世界当更纷乱也。人之所以当作祈愿，亦不当以祈愿之力之大小为根据，此唯根据在人相互关切之情之不容已，而不能由实际实现其所愿于所谓现实的世界，即必然化出此一超越之行事之祈愿，而非有他。一般之祈愿，皆属于拔苦济生之类，而其最高者，即为对一切众生以大悲心所发出"使其咸登极乐"之弘愿。然是否发此弘愿，即为人之最高的道德心情，或人之最高的超越的行事，则吾尚不能无疑。此则由于此大悲心，尚未能对一切人之生命存在而施。此大悲心，初依于对生命存在之痛苦之关切同情而生。然人中固有能自忍受痛苦而无畏，或忘其个人之痛苦，而愿担负其他生命存在之痛苦者。即如吾人前所谓英雄豪杰及圣贤人物是。佛菩萨亦圣贤人物之一种也。此种人物，在其忍受痛苦，而担负他人痛苦之时，固仍有痛苦。然此痛苦则不容吾只以一般关切同情，或悲悯之心待之。因在其对痛苦之忍受担负中，即已见其非只为消极的感受痛苦之生命存在，而另有一人格之崇高在。对此崇高，只容吾人以崇敬心待之。于此吾人若因其尚有痛苦，而仍以大悲心遇之，则无异自居于一较之远为崇高之地位，以藐视其崇高，而此则成一大傲慢。实则人在真有其崇高之时，此崇高，皆为其他任何存在，所不能加以藐视者，即上帝与佛菩萨，对一愚夫愚妇之人格之崇高之行，仍只能以崇敬心遇之。昔陆象山尝谓：吾儒之圣贤，不在佛之悲心所哀怜之列。实则一切愚夫愚妇之行中，凡具一崇高、可敬之意义者，皆不在佛之大悲心所哀怜之列，而只有此一大悲心，亦不足以遍待一切生命存在，而不足为最高之道德心情。故只有依于此大悲心之弘愿，亦尚非人之最高的超越的行事也。（三月三日）

　　吾所意想之具最高道德心情之超越的行事，应为一充量的悲悯心，与崇敬心之结合所成之对世界之一"感慨、祈愿心"所成之超越的行事。此所谓悲悯之充量，乃指此悲悯心，能求深广，以成大悲心言。此所谓崇敬心之充量，则指崇敬心之能对一切英雄豪杰圣贤之能忍受担负痛苦之人格而发，亦对一切愚夫愚妇偶有之一可崇敬之行而发。又此崇敬心，亦当不只及于现在尚存在之人，并当及于一切超越之神灵。至合此二者所成之感慨祈愿心，则既由此人之有种种可敬之行者，何以生于此痛苦之世界而生，亦由此痛苦之世界之何以仍有具此种种可敬之行者而生。此中之祈愿，则既为对彼只感痛苦而不知其他之生命存在，愿有以拔其苦而济其生，亦祈愿一切圣贤之神灵之共助成此拔苦济生之事，更祈愿一切只知感痛苦之生命存在，由其生命存在之开拓，更一朝自觉其痛苦之意义，而能超转为一具崇高可贵之人格价值，而成圣成贤之生命存在。此中所成之超越的行事，即为种种之内心的感念观照，及情志之兴发。此皆可由人沿其感慨祈愿心之所及，而具体地自然发生者。此则神而明之，存乎其人，而默而存之，不言而信，存乎德行，人不必尽同者也。

一九六七年三月三日

（原载于《鹅湖》十一期至十七期）

人生之体验
定价：52.00 元

道德自我之建立
定价：38.00 元

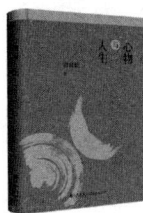

心物与人生
定价：46.00 元

青年与学问
定价：35.00 元

中国哲学原论·导论篇
定价：108.00 元

中国哲学原论·原性篇
定价：118.00 元

中国哲学原论·原道篇
定价：360.00 元

中国哲学原论·原教篇
定价：128.00 元

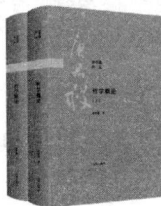

哲学概论
定价：340.00 元

生命存在与心灵境界
定价：260.00 元

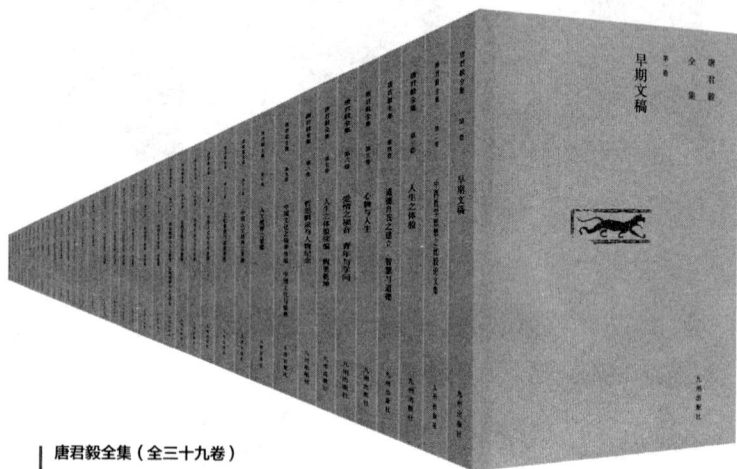

唐君毅全集（全三十九卷）
定价：4980.00 元

徐复观全集（全二十六册）
定价：1790.00 元